中文版

SketchUp 草图绘制 技术精粹

第2版

刘阳 / 编著

U0286036

清华大学出版社

北京

内 容 简 介

本书共 10 章，循序渐进地介绍了 SketchUp 2020 软件的基础知识、基本绘图工具、辅助设计工具、绘图管理工具、SketchUp 插件、材质与贴图、渲染与输出等内容。最后通过室内客厅与餐厅、小区景观设计两个综合实例，演练前面所学知识。

本书免费提供多媒体教学资源，内容极其丰富，包含全书所有实例的素材和源文件，以及高清语音视频教学，专业老师手把手地讲解，可以大幅提高学习兴趣和效率。

本书内容全面，实例丰富，结构严谨，深入浅出，可作为大中专院校相关专业的教材，也适用于广大 SketchUp 2020 用户自学和参考。

图书在版编目（CIP）数据

中文版 SketchUp 草图绘制技术精粹 / 刘阳编著 . —2 版 . —北京：清华大学出版社，2022.5

ISBN 978-7-302-60341-2

Ⅰ . ①中… Ⅱ . ①刘… Ⅲ . ①建筑设计—计算机辅助设计—应用软件 Ⅳ . ① TU201.4

中国版本图书馆 CIP 数据核字 (2022) 第 042510 号

责任编辑：陈绿春
封面设计：潘国文
责任校对：徐俊伟
责任印制：朱雨萌

出版发行：清华大学出版社
    网　　　址：http://www.tup.com.cn，http://www.wqbook.com
    地　　　址：北京清华大学学研大厦 A 座　　　邮　　编：100084
    社 总 机：010-83470000　　　邮　　购：010-83470235
    投稿与读者服务：010-62776969，c-service@tup.tsinghua.edu.cn
    质 量 反 馈：010-62772015，zhiliang@tup.tsinghua.edu.cn

印 装 者：三河市龙大印装有限公司
经　　销：全国新华书店
开　　本：188mm×260mm　　印　　张：16.75　　字　　数：518 千字
版　　次：2016 年 2 月第 1 版　　2022 年 5 月第 2 版　　印　　次：2022 年 5 月第 1 次印刷
定　　价：99.00 元

产品编号：094753-01

前　言

　　SketchUp是一款直接面向设计过程的三维软件，区别于追求模型造型与渲染表现真实度的其他三维软件，SketchUp更多关注于设计，软件的应用方法类似于现实中的铅笔绘画。SketchUp软件可以让使用者非常容易地在三维空间中画出尺寸精确的图形，并能够快速生成3D模型。因此通过短期的认真学习，即可熟练掌握该软件的使用方法，并在设计工作中发掘出该软件的无限潜力。

本书特色

　　与同类书相比，本书具有以下特色。

　　（1）完善的知识体系。

　　本书从SketchUp 2020基础知识讲起，从简单到复杂，循序渐进地介绍了SketchUp 2020的基础知识、基本绘图工具、辅助设计工具、绘图管理工具、SketchUp插件、材质与贴图、渲染与输出等内容，最后针对各行业需要，详细讲解SketchUp 2020在室内、景观设计行业的应用方法。

　　（2）丰富的经典案例。

　　本书所有的案例针对初、中级用户量身定做。针对每节所讲解的知识点，将经典案例以实例的方式穿插其中，与知识点相辅相成。

　　（3）实时的知识点提醒。

　　SketchUp 2020软件绘图的一些技巧和注意点贯穿全书，使读者在实际应用中更加得心应手。

　　（4）实用的行业案例。

　　本书每个练习和案例都取材于实际工程案例，具有典型性和实用性，涉及室内设计、景观设计，使广大读者在学习软件的同时，能够了解相关行业的绘图特点和规律，积累实际工作经验。

　　（5）超值的教学视频。

　　全书配备了高清语音视频教学，清晰直观的讲解过程，使学习更有趣、更有效率。

　　（6）特别说明。

　　本书绘图模板的单位为毫米（mm）。模型的长、宽、高，偏移、复制模型的距离、辅助线的创建等，都以毫米为单位。无论是否在文中标注单位，均以毫米为基准。

本书内容

本书共10章,内容如下。

- 第1章 初识SketchUp 2020:介绍SketchUp 2020软件的特色、应用领域、工作界面等。
- 第2章 SketchUp 2020基本绘图工具:介绍SketchUp软件的绘图工具、编辑工具,使读者掌握软件最为常用的一些建模方法,快速上手。实体工具、沙箱工具,使读者进一步掌握SketchUp建模方法。
- 第3章 SketchUp 辅助设计工具:介绍选择和编辑工具(如选择工具、制作组件、擦除工具等),建筑施工工具(如卷尺工具、尺寸和文字标注工具、量角器工具等),相机工具(如环绕观察工具、平移工具、缩放工具),截面工具(创建截面、编辑截面),视图工具,样式工具(如消隐模式、线框显示模式、材质贴图模式等)。
- 第4章 SketchUp 绘图管理工具:介绍样式设置、标记设置、雾化和柔化边线设置、SketchUp群组工具、SketchUp组件工具。
- 第5章 SketchUp 常用插件:介绍SUAPP插件的安装、SUAPP插件基本工具,如镜像物体、生成面域、拉线成面。
- 第6章 SketchUp 材质与贴图:介绍SketchUp填充材质、"颜色"拾色器、材质不透明度、贴图坐标及贴图技巧。
- 第7章 SketchUp 渲染与输出:介绍V-Ray工具栏,SketchUp与AutoCAD、3ds Max等软件间的合作,方便在实际工作中使用相关文件。
- 第8章 创建基本建筑模型练习:主要通过介绍一些常用的模型组件建立的方法,如楼梯施工剖面图、特色茶几、景观亭子、岗亭等模型,使读者具备初步的软件应用能力。
- 第9章、第10章 综合实例:深入讲解SketchUp 2020在室内设计、景观设计行业的应用和建模技巧,达到学以致用的目的。

本书作者、配套资源以及技术支持

本书由兰州大学艺术学院美术与设计系刘阳编著。由于作者水平有限,书中错误、疏漏之处在所难免。在感谢您选择本书的同时,也希望您能够把对本书的意见和建议告诉我们。

本书的配套素材和教学视频请扫描下面的二维码进行下载。

如果有技术性的问题,请扫描技术支持的二维码,联系相关人员进行处理。

配套素材

教学视频

技术支持

作者
2022年2月

目　录

中文版SketchUp草图绘制技术精粹（第2版）

目录

V

中文版SketchUp草图绘制技术精粹（第2版）

VI

第1章
初识SketchUp 2020

在本章中，我们先来大致了解一下SketchUp的诞生和发展、相对于其他软件的优势和劣势、及其在各行业的应用情况，同时了解SketchUp 2020新增功能以及工作界面，并学会管理与应用SketchUp。

1.1 SketchUp概述

1.1.1 关于SketchUp

SketchUp是一款极受欢迎并易于使用的3D设计软件，官方网站将其比喻为电子设计中的"铅笔"。其开发公司Last Software成立于2000年，规模虽小，却因SketchUp软件而闻名。为了增强Google Eearth的功能，让使用者可以利用SketchUp创建3D模型并放入Google Eearth中，使得Google Eearth所呈现的地图更具立体感、更接近真实世界，Google于2006年3月宣布收购3D绘图软件SketchUp及其开发公司Last Software。使用者可以通过一个名叫Google 3D Warehouse的网站（http：//sketchup.google.com.3dwarehouse/）寻找与分享各种由SketchUp创建的模型，如图1-1所示。

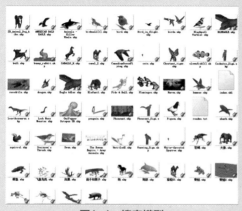

图1-1　搜索模型

自Google公司的SketchUp软件正式成为Trimble家族的一员之后，SketchUp迎来了一次重大更新。这一次更新给SketchUp注入了新活力，优化了其原有性能，界面、功能更易于操作，设计思想、实体表现更易于表达。

1.1.2 SketchUp的特色

SketchUp的界面简洁直观，如图1-2所示。其命令简单实用，避免了其他类似软件的复杂操作缺陷，这样大大提高了工作效率。对于初学者而言易于上手，而经过一段时间的练习后，用户使用鼠标就能像拿着铅笔一样灵活，可以尽情地表现创意和设计思维。

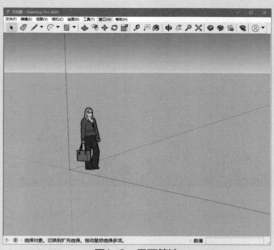

图1-2　界面简洁

SketchUp直接面向设计过程，提供了强大的实时显现工具，如基于视图操作的照相机工具，能够从不同角度、不同显示比例浏览建筑形体和空间效果，并且这种实时处理完毕后的画面与最后渲染出来的图片完全一致，所见即所得，不用花费大量的时间来等待渲染效果，如图1-3所示。

图1-3　渲染效果

SketchUp显示风格灵活多样，可以快捷地进行风格转换以及页面切换，如图1-4所示。这样不但摆脱了传统绘图方法的繁重与枯燥，而且能与客户进行更为直接、灵活和有效的交流。

图1-4　模拟草图效果

SketchUp材质和贴图的使用方便，如图1-5所示，通过调节材质编辑器里的相关参数就可以对颜色和材质进行修改。同时SketchUp与其他软件数据高度兼容，不仅与AutoCAD、3ds Max、Revit等相关图形处理软件共享数据成果，以弥补SketchUp的不足。同时还能完美地结合VRay、Piranesi、Artlantis等渲染器实现丰富多样的表现效果。

图1-5　赋予材质贴图

SketchUp可以非常方便地生成各种空间分析的剖面，如图1-6所示。剖面不仅可以表达空间关系，更能直观准确地反映复杂的空间结构。另外结合页面功能还可以生成剖面动画，动态展示模型内部空间的相互关系，或者规划场景中的生长动画等。

图1-6　产生剖面

SketchUp的光影分析非常直观准确，通过设定某一特定城市的经纬度和时间，得到日照情况。另外，还可以通过此日照分析系统来评估一栋建筑的各项日照技术指标，如图1-7所示。

图1-7　不同时间的不同阴影效果

1.1.3　SketchUp的缺点

SketchUp虽然不断在更新换代，却因为软件本身存在兼容性的问题而导致一些不可避免的缺陷。

（1）SketchUp被称为草图大师，主要是因为其随意性和灵动性，就像手握铅笔在纸上绘画，所以偏重设计构思过程表现，一般在方案的初期阶段使用。对于后期严谨的工程制图和效果图表现相对较弱，需要导出图片，利用Photoshop等专业处理图像的软件进行修改。

（2）SketchUp在曲面建模和灯光的处理上稍显逊色，因此当场景模型中有曲面物体时，需在AutoCAD中绘制完成轮廓线或剖面，再导入SketchUp中做进一步处理。

（3）SketchUp本身的渲染功能较弱，只能表达模型的形体和大概效果，不能真实地反映物体本身因为外界影响而产生的物理、化学现象，如反射、折射、自发光、凸凹等，因此无法形成真实的照片级效果。最好结合其他软件（如VRay、Piranesi、Artlantis）一起使用。

1.1.4　SketchUp 2020新功能

SketchUp 2020增加和改善了一些功能，主要表现在以下几个方面。

1. 欢迎界面的更新

以往版本的预设模板，提供蓝天绿地的版式。SketchUp 2020取消了这一经典配色，更改为蓝色的天空与浅灰色的地面搭配，如图1-8所示。

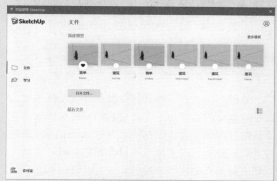

图1-8　欢迎界面

2. 2D人物的更新

SketchUp 2020版本中的2D人物是一位红衫女子，为 SketchUp区域渠道经理Laura，如图1-9所示。2019版本为着蓝色T恤衫的戴眼镜男子。

图1-9　2D人物

3. 隐藏功能的变化

以往版本的SketchUp提供一个"隐藏物体"的功能，可以隐藏特定的物体。SketchUp 2020改进了这一功能，将其拆分为"显示 隐藏的几何图形"和"显示隐藏的对象"，如图1-10所示。方便用户根据不同的情况选用，提高作图效率。

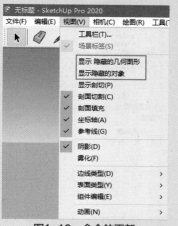

图1-10　命令的更新

4. 图层的更改

SketchUp为每一个对象配备了图层。在SketchUp 2020中，将"图层"更改为"标记"，如图1-11所示。

图1-11　将"图层"改为"标记"

5. 风格样式设置的变化

在"样式"面板中增加"隐藏的几何图形""隐藏的对象"两种选项，如图1-12所示，方便用户进行多样化的设置。

6. 管理目录的更新

在管理目录下，模型名称前显示眼睛图标，如图1-13所示。开/关眼睛图标的同时，模型也在显示/隐藏的状态间切换，方便用户管理模型。

图1-12　风格样式的更新

图1-13　管理目录的更新

7. 30天的试用期

SketchUp 2020的试用期为30天，用户可以免费使用SketchUp 2020的所有功能，包括LayOut和Style Builder。为用户提供更多选择，让用户更加充分领略到SketchUp 2020的魅力。

1.2 SketchUp的应用领域

SketchUp由于其方便易学、灵活性强、丰富的功能等优点，给设计师提供了一个在灵感和现实间自由转换的空间，让设计师在设计过程中享受方案创作的乐趣。SketchUp的种种优点使其迅速风靡全球，无论是在建筑、城市规划、园林景观设计领域，还是在室内装潢、户型设计和工业品设计领域，都得到了广泛运用。

1.2.1　建筑设计中的SketchUp

SketchUp在建筑设计中的应用十分广泛，从前期现状场地构建，到建筑大概形体的确定，再到建筑造型及立面设计。SketchUp建模系统具有"基于实体"和"数据精确"等特性，这些特性符合建筑行业的专业要求标准，深受使用者的喜爱，成为建筑设计师的首选软件。

目前，在实际建筑设计中，一般的设计流程是：构思→方案→确定方案→深入方案→施工图纸的绘制。SketchUp主要运用在建筑设计的方案阶段，在这个阶段需要建立一个大致的模型，然后通过这个模型来推敲建筑的体量、尺度、空间划分、色彩和材质以及某些细部构造，如图1-14所示。

图1-14　建筑设计中的SketchUp模型

1.2.2　城市规划中的SketchUp

SketchUp在城市规划行业以其直观便捷的优点深受规划师的喜爱，不管是宏观的城市空间形态，还是微观的规划设计，都能够通过SketchUp辅助建模及功能分析，大大解放了设计师的思维，提高了规划编制的科学性和合理性。目前，SketchUp广泛应用于规划设计工作的方案构思、规划互动、设计过程与规划成果表达、感性择优方案等方面，如图1-15所示为结合SketchUp构建的几个规划场景。

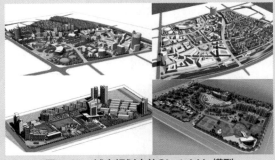

图1-15　城市规划中的SketchUp模型

1.2.3　园林景观设计中的SketchUp

从一个园林景观设计师的角度看，SketchUp在园林景观设计中的应用与在建筑设计和室内设计中的应用不同。在园林景观设计中是以实际景观工程项目作为载体，并且可以直接赋予实际场景。SketchUp的引入在一定程度上提高了设计师的工作效率和质量,随着插件功能和软件包的不断升级,在方案构思阶段推敲方案的功能也越来越强大,运用SketchUp进行景观设计也越来越普遍。如图1-16所示为结合SketchUp创建的几个简单的园林景观模型场景。

图1-16 园林景观设计中的SketchUp模型

SketchUp在创建地形高差等方面也可以产生非常直观的效果,而且拥有丰富的景观素材库和强大的贴图材质功能,并且SketchUp图纸的风格非常适合景观设计的效果表现。如图1-17和图1-18所示分别为普通模式和混合模式下的别墅模型的不同效果。

图1-17 普通模式

图1-18 混合模式

1.2.4 室内设计中的SketchUp

室内设计是根据建筑物的使用性质、所处环境和相应标准,运用物质技术手段和建筑设计原理,创造功能合理、舒适优美、满足人们物质和精神生活需要的室内环境。这一空间环境既具有使用价值,满足相应的功能要求,同时也反映了历史文脉、建筑风格、环境气氛等精神因素,但有时设计的风格和理念在传统的2D室内设计表现中无法让很多业主理解,而3ds Max等类似的三维软件创建的室内效果图又不能灵活地进行修改,SketchUp作为一种全新的、高效的设计工具,能够在已知的房型图基础上快速建立三维模型,并快捷地添加门窗、家具、电器等物件,并且附上地板和墙面的材质,启动照明,直观、快速地向业主展现室内场景效果和表达设计师的设计理念。如图1-19所示为结合SketchUp构建的几个室内场景效果。

图1-19 室内设计中的SketchUp模型

1.2.5 工业设计中的SketchUp

工业设计是以工学、美学、经济学为基础对工业产品进行设计。工业设计的对象是批量生产的产品,凭借训练、技术知识、经验、视觉及心理感受,赋予产品材料、结构、构造、形态、色彩、表面加工、装饰以新的品质和规格。

SketchUp在工业设计中的应用也越来越普遍,如机械产品设计、橱窗或展馆的展示设计等,如图1-20所示。

图1-20 工业设计中的SketchUp模型

1.2.6　动漫设计中的SketchUp

从早期的二维动漫制作到二维、三维的结合制作，再发展到三维立体式动漫，在整个动画制作发展史上维度认知在不断更新和探索，并且迅速应用到动漫领域中。SketchUp在多维度空间动漫场景创新中有着独特的魅力。

在游戏动漫的制作过程中，需要3D道具与场景设计、动漫三维角色制作、三维动画、特效设计等，SketchUp可以初步满足其制作要求，如图1-21所示。

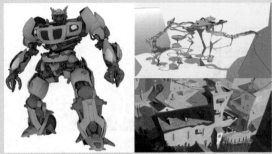

图1-21　动漫设计中的SketchUp模型

1.3　SketchUp 2020欢迎界面

第一次启动SketchUp 2020时，首先出现的是如图1-22所示的用户欢迎界面，是用户了解SketchUp最基本的平台。SketchUp 2020用户欢迎界面主要有"学习""许可证"和"文件"三个选项，通过展开相应的面板可以了解和设置相关的内容和参数。

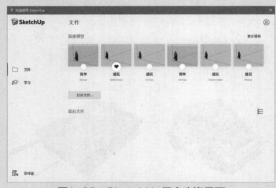

图1-22　SketchUp用户欢迎界面

◎提示·○

执行"窗口"|"系统设置"命令，在弹出的"系统设置"对话框中选择"常规"选项卡，在右侧的参数面板中取消选择"显示欢迎窗口"选项。在下次启动SketchUp 2020时将不会弹出用户欢迎界面。

1．学习

单击"学习"按钮，在展开的面板中显示三个图标，如图1-23所示。单击任一图标，即可链接到相应的网站，了解SketchUp的相应内容。

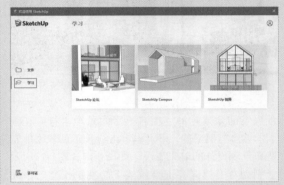

图1-23　学习面板

2．许可证

单击"许可证"按钮，在展开的面板中可以添加许可证信息。单击"添加许可证"按钮，如图1-24所示，在弹出的对话框中填写"序列号"和"验证码"等相关信息。

图1-24　添加许可证

3．文件

该面板用于进行文件的创建，打开等操作，系统提供了很多模板用于新建模型，单击"更多模板"按钮，显示更多SketchUp模板。模板之间最主要的区别是单位的设置，此外显示风格与颜色上也会有区别。一般情况下，将模板尺寸设定为"建筑-

毫米"，如图1-25所示。

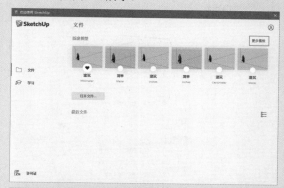

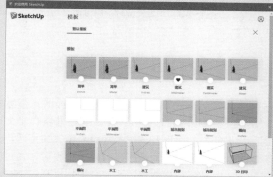

图1-25　模板面板

> ◎提示·
>
> 　　执行"帮助"｜"欢迎使用SketchUp"命令，可以弹出欢迎界面。

1.4　SketchUp 2020工作界面

　　在欢迎界面中选择并单击模板，即可进入SketchUp 2020的工作界面，如图1-26所示，该默认工作界面十分简洁，主要由"标题栏""菜单栏""工具栏""绘图区""状态栏""窗口调整柄""'数值'输入框"7部分构成。

1.4.1　标题栏

　　"标题栏"位于绘图窗口最顶部，包括右边的"标准窗口控制"按钮（最小化、最大化、关闭）和当前打开的文件名称。

　　对于未命名的文件，SketchUp系统将为其命名为"无标题"，如图1-27所示。

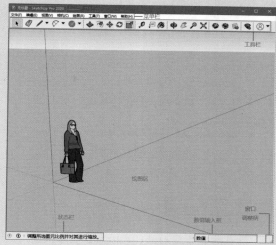

图1-26　SketchUp 2020工作界面

🎁 无标题 - SketchUp Pro 2020

图1-27　标题栏

1.4.2　菜单栏

　　"菜单栏"位于标题栏下方。SketchUp 2020菜单栏由"文件""编辑""视图""相机""绘图""工具""窗口"以及"帮助"8个菜单项构成，单击这些主菜单可以打开相应的"子菜单"以及"次级主菜单"，如图1-28所示。

文件(F)　编辑(E)　视图(V)　相机(C)　绘图(R)　工具(T)　窗口(W)　帮助(H)

图1-28　菜单栏

　　文件（F）：用于管理场景中的文件。包含"新建""保存""导入/导出""打印""Warehouse"以及"最近打开记录"等命令。

　　编辑（E）：用于对场景中的模型进行编辑操作。包含具体操作过程中的"撤销返回""剪切复制""隐藏锁定"和"创建组件"等命令。

　　视图（V）：用于控制模型显示。包含各类"显示样式""隐藏物体""显示剖切""阴影""动画"以及"工具栏"等命令。

　　相机（C）：用于改变模型视角。包含"视图模式""观察模式""定位相机"等命令。

　　绘图（R）：包含多个基本的绘图命令和沙箱工具。

　　工具（T）：包括对物体进行操作的常用命令，如测量和各类型的辅助、修改工具。

　　窗口（W）：打开或关闭相应的"编辑器和管理器"，如"基本设置""材质组件""阴影雾化""扩充工具"等面板。

帮助（H）：可以打开帮助文件了解软件各个部分的详细信息和学习数据。

◎提示·。

安装插件后，SketchUp菜单栏会增添一个“扩展程序”菜单项，如图1-29所示。

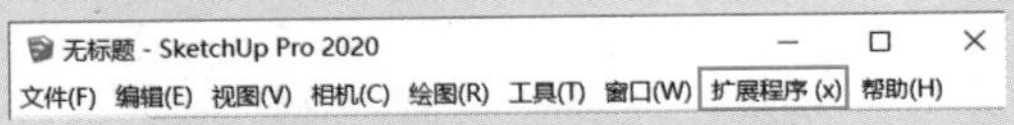

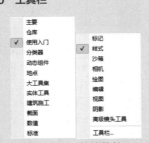

图1-29　插件菜单项

1.4.3　工具栏

默认状态下SketchUp 2020仅显示横向工具栏，主要为“绘图”“编辑”“建筑施工”“相机”“仓库”等工具组按钮，如图1-30所示。

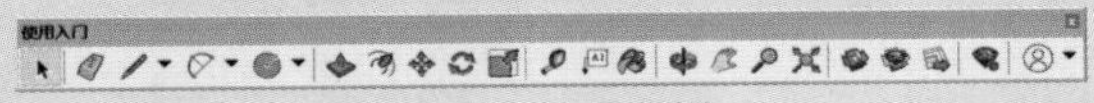

图1-30　工具栏

在工具栏上右击，将出现如图1-31所示的工具栏列表快捷菜单，在弹出的快捷菜单中可以快速调出或关闭某个工具栏，其中左侧有“√”标记的，表示该工具栏已经在工作界面上显示。

图1-31　快捷菜单

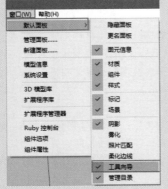

◎技巧·。

执行“窗口”|“默认面板”|“工具向导”命令，如图1-32所示，即可打开“工具向导”动画面板，观看操作演示，方便初学者了解工具的功能和用法，如图1-33所示。

图1-32　执行“工具向导”命令

◎技巧·。

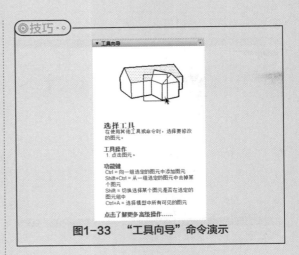

图1-33　“工具向导”命令演示

1.4.4　绘图区

“绘图区”占据了SketchUp工作界面大部分的空间，与Maya、3ds Max等大型三维软件平面图、立面图、剖面图及透视多视口显示方式不同，SketchUp为了界面的简洁，仅设置了单视口，通过对应的工具按钮或快捷键，可以快速地进行各个视图的切换，如图1-34～图1-36所示，有效节省系统显示的负载。通过SketchUp独有的“剖面”工具，还能快速实现如图1-37所示的剖面效果。

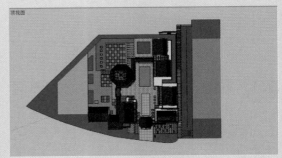

图1-34　俯视图

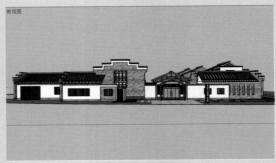

图1-35　前视图

图1-36 透视图

图1-37 剖面图

1.4.5 状态栏

"状态栏"位于界面底部,当操作者在绘图区进行某项操作时,状态栏会出现相应的文字提示,根据这些提示,操作者可以更准确地完成操作,如图1-38所示。

选择对象。切换到扩充选择。拖动鼠标选择多项。

图1-38 状态栏

1.4.6 "数值"输入框

"数值"输入框位于界面右下方,在进行精确模型创建时,可以通过键盘直接在输入框内输入"长度""角度"等数值,准确地绘制图形的大小,如图1-39所示。

长度	5220mm
角度	90
长度	8x
长度	/10

图1-39 "数值"输入框

1.4.7 窗口调整柄

窗口调整柄位于"数值"输入框的右下角,显示为一个条纹组成的倒三角符号■,通过拖动窗

口调整柄可以调整窗口的大小。当界面最大化显示时,窗口调整柄是隐藏的,此时只需双击标题栏将界面缩小即可看到。

1.5 优化工作界面

SketchUp的系统属性可为程序设置许多不同的特性。通过对SketchUp工作界面进行优化,可以在很大程度上加快系统运行速度,提高作图效率。

1.5.1 设置系统属性

执行"窗口"|"系统设置"命令,在弹出的"SketchUp系统设置"对话框中设置系统属性,如图1-40所示。该对话框左侧为选项卡列表,首先选择需要设置的选项卡,然后在对话框的右侧设置详细参数。

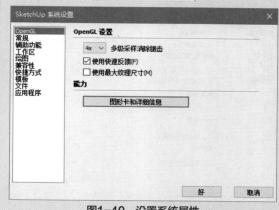

图1-40 设置系统属性

1. OpenGL

OpenGL是个专业的3D程序接口,是一个功能强大、调用方便的底层3D图形库。OpenGL选项卡主要用于选择消除锯齿的等级,设置最大纹理尺寸等,如图1-41所示。

图1-41 OpenGL选项卡

多级采样消除锯齿：在列表中选择消除锯齿的级别，默认为4x。级别越高，占用的系统内存越高。

快速反馈：可在模型场景较大时选择此项以提高速度，一般在渲染速度变慢的情况下，快速反馈功能会发挥其作用。

最大纹理尺寸：强化了SketchUp对材质纹理的控制力，场地贴图的显示会比较清晰，但是会增加系统运行的负担，因此对贴图清晰度要求不高时不会选择此项。

图形卡和详细信息：单击此按钮，显示图形卡即显示显卡的相关信息。

2. 常规

"常规"选项卡主要包括文件的保存、模型检查、场景和样式以及SketchUp软件更新和启动的提示设置，如图1-42所示。

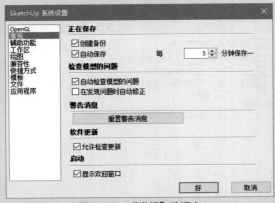

图1-42 "常规"选项卡

◎提示·○

若自动保存设置时间短，频繁自动保存会影响工作效率。若自动保存设置时间长，则起不到自动保存的作用。

创建备份：选择"创建备份"选项后，在保存文件时会自动创建文件备份，备份文件与保存文件在同一文件夹中。备份文件扩展名为.skb，若遇到意外情况导致SketchUp非人为关闭，则可找到相应skb文件，将其扩展名更改为.skp，即可在SketchUp中将其打开。

自动保存：选择该选项后，SketchUp可以每隔一段时间自动生成一个自动保存文件，与当前编辑文件保存于同一文件夹中，可根据个人需要在右侧的自动保存时间文本框中设置系统自动保存时间。

检查模型的问题：此命令可随时发现并及时修复模型中出现的错误，该选项组选项建议全部勾选。

3. 绘图

"绘图"选项卡参数设置鼠标操作有关的选项，主要包括"单击样式"与"杂项"，选项如图1-43所示。

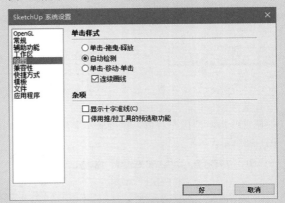

图1-43 "绘图"选项卡

◎提示·○

系统默认设置为"自动检测"，系统可以自动切换其他两种画线方式。

"单击样式"选项组用于设置鼠标对单击操作的反馈。

单击-拖曳-释放："线"工具的画线方式只能在一个点上按住鼠标然后拖动，再在另一个端点处松开鼠标完成画线。

单击-移动-单击：通过点击线段的端点进行画线。

连续画线：直线工具会从每一个新画线段的端点开始画另一条线。若不勾选此项，则可自由画线。

显示十字准线：可切换跟随绘图工具的辅助

坐标轴线的显示和隐藏，有助于在三维空间中快速定位。

停用推/拉工具的预选取功能：可在推拉一个实体时，从其他实体上捕捉到推拉距离。

4. 兼容性

"兼容性"选项卡参数如图1-44所示。

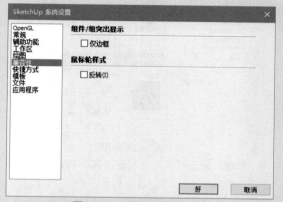

图1-44　"兼容性"选项卡

组件/群组突出显示：设置选择组件或群组内模型时，边线是否显示。

鼠标轮样式：SketchUp默认鼠标滚轮向前滚动为靠近物体，向后滚动为远离物体。勾选"反转"复选框，则设置与默认操作相反。

5. 快捷方式

快捷键可以为作图提供很多方便，设置快捷键后可隐藏一些工具条，从而有更大的绘图操作空间，所以快捷键的设置十分必要。很多时候，根据自己的作图习惯，可以设置常用的快捷键，以加快作图速度。

"快捷方式"选项卡如图1-45所示，首先在"功能"列表框中选择需要设置快捷键的命令，然后在右侧查看和更改快捷键。

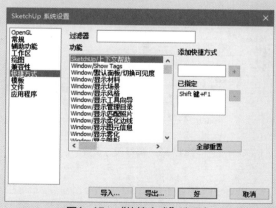

图1-45　"快捷方式"选项卡

◎提示·◦

快捷方式的设置方法将在本章1.5.3节中详细讲解。

6. 模板

该选项卡用于设置SketchUp的默认绘制模板，一般情况下选择"建筑-毫米"模板，如图1-46所示。

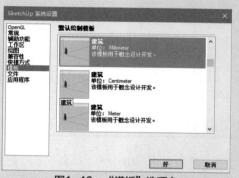

图1-46　"模板"选项卡

◎提示·◦

用户也可以自定义个性化的模板。首先新建一个文件，进行绘图单位、标注样式、地理位置、风格样式等设置，然后执行"文件"|"另存为模板"命令，在弹出的另存为模板对话框中设置参数，生成一个SPK文件，最后勾选"设为预设模板"选项，单击"保存"按钮，则每次启动SketchUp时都会调用自定义模板。

7. 文件

该选项卡可设置各种常用项的文件路径，可直接进入设置完成的文件夹中选取，便于浏览，如图1-47所示。若要修改路径，单击文件夹🗀按钮，在弹出的标准浏览文件对话框中指定新的文件路径即可。

图1-47　"文件"选项卡

11

8. 应用程序

该选项卡用于设置默认图像编辑器,以编辑贴图等图像文件,单击右侧"选择"按钮,设置SketchUp的默认图像编辑器,如图1-48所示。

图1-48 "应用程序"选项卡

1.5.2 设置SketchUp模型信息

在"窗口"菜单中选择"模型信息"命令,在弹出的"模型信息"对话框中可对场景模型的单位、尺寸、文本等内容进行设置,如图1-49所示。

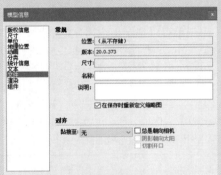

图1-49 "模型信息"对话框

1. 尺寸

"尺寸"选项卡用于设置模型尺寸标注的文字字体、大小、引线和对齐样式,如图1-50所示。

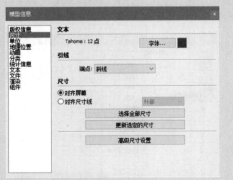

图1-50 "尺寸"选项卡

文本:单击"字体"按钮,即可进入"字体"对话框,对文字的字体、样式、大小进行编辑。单击色块▇,可进入颜色编辑器对文字颜色进行编辑,如图1-51所示。

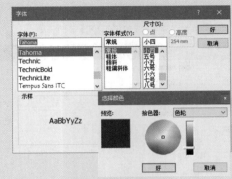

图1-51 编辑颜色

引线:用于设置尺寸标注引线的显示方式,包括无、斜线、点、闭合箭头和开放箭头5个选项,如图1-52所示。

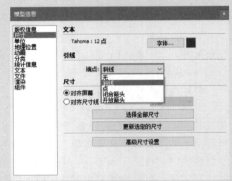

图1-52 设置引线参数

尺寸:用于设置标注的对齐方式,主要包括对齐屏幕和对齐尺寸线两种,可以根据需要选择对齐方式。同时还可以对尺寸标注进行如图1-53所示的高级尺寸设置。

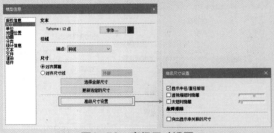

图1-53 高级尺寸设置

2. 单位

SketchUp能以不同的单位绘图,包括度量单位和角度单位,可设置文件默认的绘图单位及精确度,如图1-54所示。

图1-54　单位设置

3. 地理位置

SketchUp可给模型设定地理位置和时区，SketchUp将提供正确的逐时太阳方位和角度，如图1-55所示。即使不使用建筑性能分析软件进行日照模拟，也可直接在SketchUp中简单模拟出太阳光照射状态。

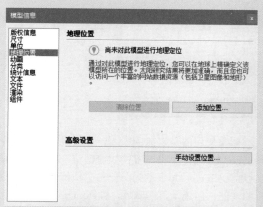

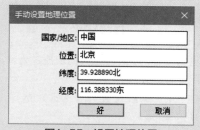

图1-55　设置地理位置

4. 动画

可设置场景切换的过渡时间和暂停时间，方便动画的调整制作，如图1-56所示。

5. 分类

根据自己作图的需要，可选择一个分类系统加载到IFC2×3模型中，也可导出/删除模型，如图1-57所示，方便操作，能快速找到所需的模型。

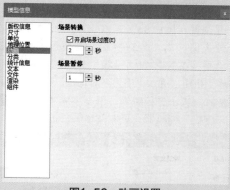

图1-56　动画设置

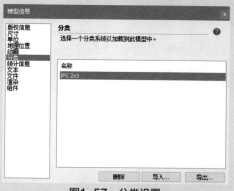

图1-57　分类设置

6. 统计信息

用于统计当前场景中各种模型元素的名称和数量，如图1-58所示。

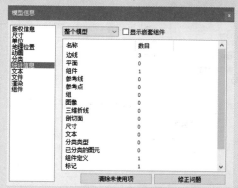

图1-58　统计信息设置

整个模型：用于显示整体模型信息。

显示嵌套组件：勾选此项将显示组件内部信息。

清除未使用项：用于清除模型中未使用的组件、材质、图层、图形等多余的模型元素，可为模型大幅度"瘦身"。

修正问题：用于检测模型中出错的元素，且尽量自动修正。

7. 文本

可设置视图中的文本信息，与尺寸选项的设置十分类似，如图1-59所示，主要包括"屏幕文字""引线文字"和"引线"3个设置选项。单击"字体"按钮，进入"字体"对话框，可对文字的字体、样式、大小进行编辑。单击字体右侧色块█，进入"颜色"编辑器，可对文字颜色进行编辑。

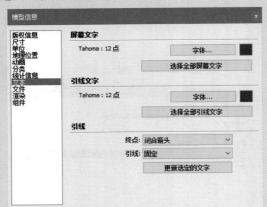

图1-59 文本设置

8. 文件

主要管理模型文件信息，包括"常规"和"对齐"设置选项。其中"常规"选项中可设置文件存储位置、使用版本和文件大小，并可在说明中加入自定义信息，如图1-60所示。

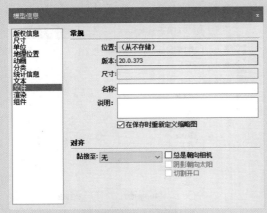

图1-60 文件设置

9. 渲染

用于提高消除锯齿纹理来提高系统性能和纹理质量，如图1-61所示。

10. 组件

用于控制类似组件或其余部分的显隐效果，如图1-62所示。关于组件的内容将在本书后面相关章节中进行详细讲解。

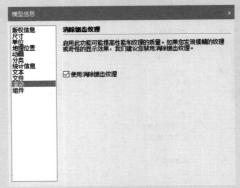

图1-61 渲染设置

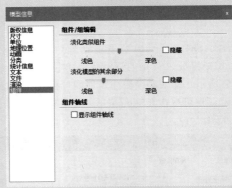

图1-62 组件设置

1.5.3 设置快捷键

如果使用的是以前的版本，重装系统或重新安装SketchUp后，原来设置的快捷键将全部消失，虽然以前的SketchUp版本为此提供了快捷键导入与导出的功能，但还是显得麻烦，SketchUp 2020版本能自动识别用户计算机上已安装的SketchUp软件设置好的快捷键，不再需要重新设置。

1. 添加快捷方式

这里以设置"旋转"工具的快捷键为例，讲解添加快捷键的方法。

01 首先打开"系统设置"对话框，选择"快捷方式"选项卡。

02 在"功能"列表框中选择"工具（T）/旋转（T）"选项，在"添加快捷方式"文本框中输入大写字母Q，单击右侧按钮┊，如图1-63所示。

03 "已指定"的文本框中出现字母Q，如图1-64所示。

04 单击"好"按钮关闭对话框，即完成"旋转"工具快捷键的设置。

中文版SketchUp草图绘制技术精粹（第2版）

图1-63 添加快捷键

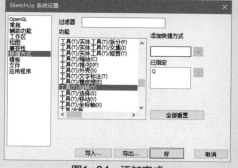

图1-64 添加完成

2. 修改快捷方式

已经设置完成的快捷键，用户可以根据需要随时进行更改，具体操作方法如下。

⓵ 在"功能"列选框中选择"工具（T）旋转（T）"选项，在"已指定"文本框中可以查看到已经设置的快捷键Q，单击右侧的删除按钮□，如图1-65所示。

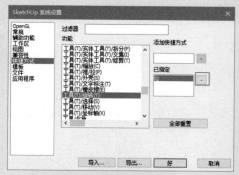

图1-65 删除快捷方式

⓶ 此时"已指定"文本框中快捷键消失，单击"好"按钮确认删除并关闭对话框，如图1-66所示。

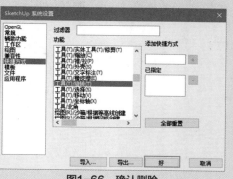

图1-66 确认删除

⓷ 在"添加快捷方式"文本框中输入所需的快捷方式，单击右侧按钮＋，即可设置其他的快捷键。

3. 快捷键的导入与导出

快捷键设置完成后，单击"快捷方式"选项卡中的"导出"按钮，在弹出的"输出预置"对话框中单击"选项"按钮，弹出"导出系统设置选项"对话框，勾选"快捷方式"和"文件位置"复选框，单击"好"按钮；然后指定文件名和保存路径，即可保存为一个DAT的预置文件，如图1-67所示，该预置文件即包含了当前所有的快捷键设置。

图1-67 输出预置

在重装SketchUp之后，重新打开"系统设置"对话框，选择"快捷方式"选项卡，首先单击"全部重置"按钮重置快捷键，再单击"导入"按钮，选择前面保存的DAT预置文件，单击"好"按钮即可导入。

第2章
SketchUp基本绘图工具

本章介绍SketchUp的基本绘图工具，包括绘图工具、编辑工具、实体工具和沙箱工具。通过详细讲解这些工具的使用方法和技巧，可以掌握SketchUp基本模型的创建和编辑方法。

2.1 绘图工具

SketchUp 2020"绘图"工具栏如图2-1所示，包含"直线"工具 ✏、"手绘线"工具 ✎、"矩形"工具 ▦ 、"圆"工具 ●、"多边形"工具 ●和"圆弧"工具 ⌒ ◠ ◡ ▱。

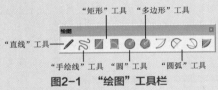

图2-1 "绘图"工具栏

三维建模的一个最重要的方式就是从"二维到三维"，即首先使用"绘图"工具栏中的二维绘图工具绘制出平面轮廓，然后通过"推/拉"等编辑工具生成三维模型。因此绘制出精确的二维平面图形是建好三维模型的前提。

2.1.1 矩形工具

"矩形"工具 ▦主要通过指定矩形的对角点来绘制矩形表面，"旋转矩形"工具 ▦主要通过指定矩形的任意两条边和角度，即可绘制任意方向的矩形。单击"绘图"工具栏中的 ▦ / ▦按钮或执行"绘图"|"形状"|"矩形"|"旋转长方形"命令，均可启用该工具。

1. 通过鼠标新建矩形

01 激活"矩形"工具 ▦，待光标变成 ✎时在绘图区中任意处单击，确定矩形的一个角点，然后拖动光标确定矩形对角点，如图2-2所示。

02 确定对角点的位置后，再次单击，即可完成矩形的绘制，如图2-3所示。

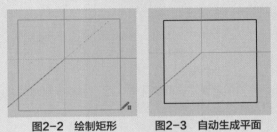

图2-2 绘制矩形　　图2-3 自动生成平面

◎提示·◎

1. 在创建二维图形时，SketchUp自动将封闭的二维图形生成平面，此时可以选择并删除面，如图2-4所示。

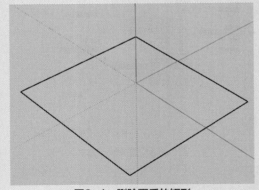

图2-4 删除面后的矩形

2. 当绘制的矩形长宽比相等时，矩形内部将出现一条虚线，此时单击即可创建长宽相等的正方形，如图2-5所示。

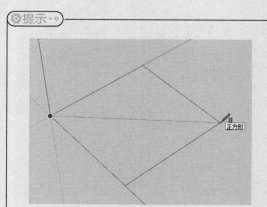

图2-5 绘制正方形

3. 当绘制的矩形比接近0.618的黄金分割比例时，矩形内部将出现一条虚线，此时单击即可绘制满足黄金分割比的矩形，如图2-6所示。

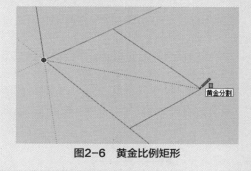

图2-6 黄金比例矩形

2. 通过输入精确尺寸新建矩形

在没有提供图纸的情况下，直接拖动鼠标绘制的矩形跟实际的数值有很大的差距，此时需要输入长宽数值进行精确制图，具体操作方法如下。

01 调用"矩形"命令，在绘图区中任意处单击，确定矩形的一个角点，向要绘制矩形的方向拖动鼠标，然后在"数值"输入框中设置矩形的长和宽数值，数值之间用"，"隔开，如图2-7所示。

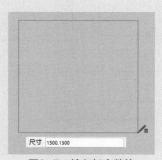

图2-7 输入长宽数值

02 输入完长宽数值后，按Enter键确定，即可生成准确大小的矩形，如图2-8所示。

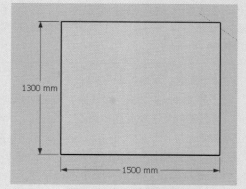

图2-8 矩形绘制完成

3. 绘制任意方向上的矩形

使用"旋转矩形"工具▣能在任意角度绘制离轴矩形（并不一定要在地面上），这样绘制图形更方便，可以节省大量的绘图时间。

01 调用"旋转矩形"绘图命令，待光标变成▸时，在绘图区单击，确定矩形的第一个角点，然后拖曳光标至第二个角点，确定矩形的长度，然后将光标往任意方向移动，如图2-9所示。

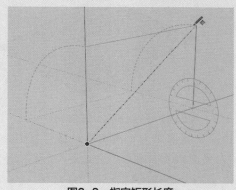

图2-9 指定矩形长度

02 找到目标点后单击，完成矩形的绘制，如图2-10所示。

03 重复命令绘制任意方向矩形，如图2-11所示。

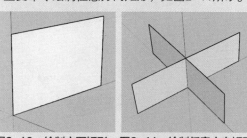

图2-10 绘制立面矩形　　图2-11 绘制任意方向矩形

◎提示·◦

当需要绘制精确数值的矩形时，可以在"数值"输入框中设置数值，确定矩形的长度 长度 13959 mm 、宽度和角度 宽度 角度 9437 mm, 90.0 。

4. 绘制空间内的矩形

除了可以绘制轴方向上的矩形，SketchUp还允许用户直接绘制处于空间任何平面上的矩形，具体操作方法如下。

⓵ 启用"旋转矩形"绘图命令，待光标变成 时，移动光标确定矩形第一个角点在平面上的投影点。

⓶ 将光标往Z轴上方移动，按住Shift键锁定轴向，确定空间内的第一个角点，如图2-12所示。

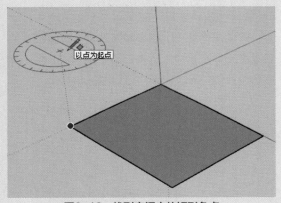

图2-12　找到空间内的矩形角点

⓷ 确定空间内第一个角点后，即可自由绘制空间内平面或立面矩形，如图2-13与图2-14所示。

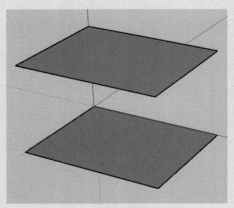

图2-13　绘制空间内平面矩形

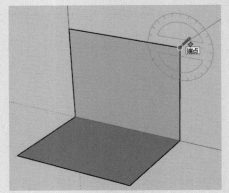

图2-14　绘制空间内立面矩形

◎提示·◦

1．按住Shift键不但可以进行轴向的锁定，而且当光标放置于某个面上，并出现"在表面上"的提示信息后，再按住Shift键，还可以将要画的点或其他图形锁定在该表面内进行创建。

2．在绘制空间内的矩形时，一定要通过蓝色轴线进行第一个角点位置的确定，否则只能绘制在同一平面内的矩形，如图2-15与图2-16所示。此外，可在已有的面上直接绘制矩形，以进行面的分割，如图2-17所示。

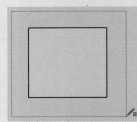

图2-15　未出现蓝色轴线

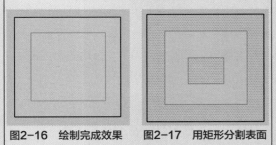

图2-16　绘制完成效果　　图2-17　用矩形分割表面

2.1.2　实例——绘制门

下面通过实例介绍矩形工具绘制别墅入户门的方法。

① 打开配套资源中的"2.1.2绘制门.skp"素材文件，如图2-18所示。

图2-18　打开模型

② 激活"矩形"工具▣，在门沿底部中点处单击，确定门框外部矩形轮廓的第一个角点，并沿蓝轴方向拖动光标，在"数值"输入框中输入矩形尺寸1975mm，1500mm，如图2-19所示。

图2-19　绘制门外部轮廓

③ 绘制门框内部轮廓。分别以门框外部轮廓矩形的对角点为矩形角点，绘制出121mm×135mm、243mm×124mm的辅助矩形，如图2-20所示。

图2-20　绘制辅助矩形

④ 连接辅助矩形两个孤立的角点，绘制门框内部矩形轮廓，如图2-21所示。

图2-21　绘制门框内部的矩形轮廓

⑤ 绘制左侧单扇门轮廓。以内部轮廓矩形的对角点为角点，绘制出1597mm×630mm的矩形，并删除右侧矩形，如图2-22所示。

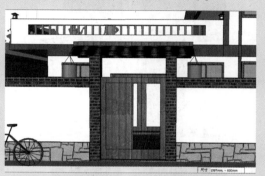

图2-22　绘制单扇门轮廓

⑥ 绘制右侧单扇门轮廓。激活"旋转矩形"工具▣，以内部轮廓矩形长度为基准，确定右侧单扇门的长度，向所需绘制单扇门的方向拖曳鼠标，如图2-23所示。

图2-23　确定右侧单扇门长度

⑦ 然后在"数值"输入框中输入角度65°、宽度630mm，按Enter键确认，如图2-24所示。

图2-24 绘制右侧单扇门

08 激活"推/拉"工具 ，将门框所在面向内推拉100mm，将左侧/右侧单扇门向内推进25mm的距离，如图2-25所示。

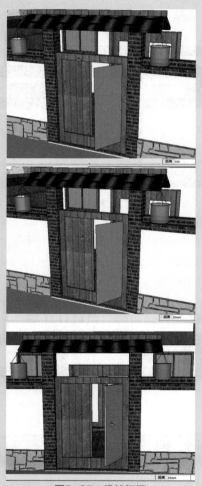

图2-25 推拉门框

09 激活"材质"工具 ，将单扇门赋予材质，利用"移动"工具 将门把手组件移动至门框中，至此完成别墅门的创建，如图2-26所示。

图2-26 完成别墅门的创建

2.1.3 直线工具

在SketchUp中，线是最小的模型构成元素，因此"直线"工具的功能十分强大，除了可以使用鼠标直接绘制外，还能通过尺寸、坐标点、捕捉和追踪功能进行精确绘制。单击"绘图"工具栏中的 按钮或执行"绘图"|"直线"|"直线"命令，均可启用该功能。

1. 通过鼠标绘制直线

01 启用"直线"命令，待光标变成 状，在绘图区中单击确定线段的起点，如图2-27所示。

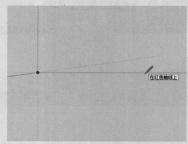

图2-27 确定线段的起点

02 沿着线段目标方向拖动鼠标，同时观察屏幕右下角"数值"输入框内的数值，确定线段的长度后再次单击，即完成目标线段的绘制，如图2-28所示。

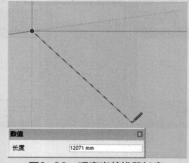

图2-28 观察当前线段长度

> **提示**
>
> 在线段的绘制过程中，如果尚未确定线段终点，按下Esc键可取消该次操作。如果连续绘制线段，则上一条线段的终点即为下一条线段的起点，因此利用连续线段可以绘制出任意的多边形，如图2-29～图2-31所示。
>
> 端点
>
> **图2-29　绘制五边形**
>
>
> **图2-30　绘制六边形**
>
> 端点
>
> **图2-31　绘制五角星**

2. 通过输入数值绘制直线

■　输入长度

在实际工作中，经常需要绘制精确长度的线段，此时可以通过键盘输入的方式完成这类线段的绘制，具体操作方法如下。

01 启用“直线”绘图命令，待光标变成✎时，在绘图区单击确定线段的起点，如图2-32所示。

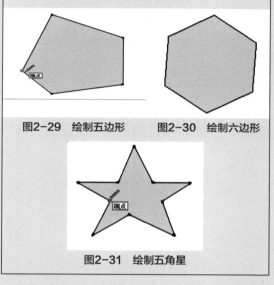

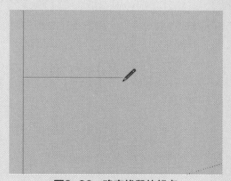

图2-32　确定线段的起点

02 拖动光标至线段目标方向，在“数值”输入框中输入线段的长度，按Enter键确定，即可绘制指定长度的线段，如图2-33与图2-34所示。

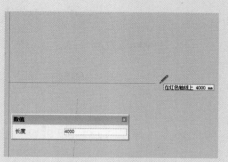

在红色轴线上 4000 mm
数值
长度
4000

图2-33　输入线段长度

4000 mm

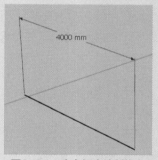

图2-34　确定长度绘制线段

■　输入三维坐标

除了输入长度，SketchUp还可以输入线段终点的准确的空间坐标。确定线段的第一端点，在“数值”输入框中输入另一端点的X、Y、Z坐标，数值用“[]”或“<>”括起，最后按Enter键确定生成线段。

绝对坐标：格式 [x，y，z]，以模型中坐标原点为基准，如图2-35所示。

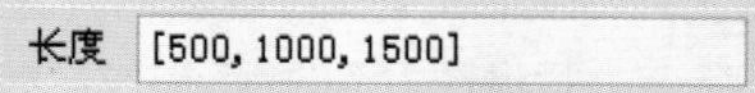

长度
[500, 1000, 1500]

图2-35　绝对坐标

相对坐标：格式 <x，y，z>，以线段的第一个端点为基准，如图2-36所示。

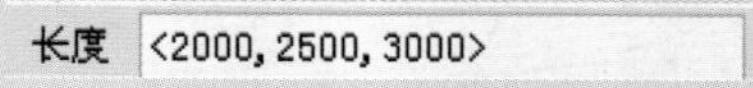

长度
<2000, 2500, 3000>

图2-36　相对坐标

3. 绘制空间内的直线

通常直接绘制的直线都处于XY平面内，这里学习绘制垂直或平行XY平面的线段的方法。

01 启用“直线”绘图命令，待光标变成✎时，在绘图区单击确定线段的起点，然后在起点位置向上移动光标，此时会出现“在蓝色轴线上”的提示信息，如图2-37所示。

02 找到线段终点单击确定，或直接输入线段长度并按下Enter键，即可创建垂直XY平面的线段，如图2-38所示。

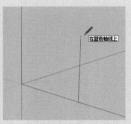

图2-37　确定与Z轴平行　　图2-38　绘制垂直XY
　　　　　　　　　　　　　　　　　平面的线段

03 如图2-39和图2-40所示，继续指定下一条线段的终点，为了绘制平行XY平面的线段，必须出现"在红色轴线上"或"在绿色轴线上"的提示信息。

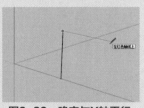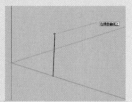

图2-39　确定与X轴平行　　图2-40　确定与Y轴平行

◎提示

　　在绘制任意图形时，如果出现"在蓝色轴线上"的提示信息，则当前对象与Z轴平行，如果出现"在红色轴线上"的提示信息，则当前对象与X轴平行，如果出现在"在绿色轴线上"的提示信息，则当前对象与Y轴平行。

04 根据图2-39提示操作，绘制的线段效果如图2-41所示。根据图2-40提示操作，绘制的线段效果如图2-42所示。

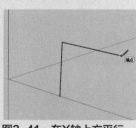

图2-41　在X轴上方平行　　图2-42　在Y轴上方平行
　　　　XY平面的线段　　　　　　XY平面的线段

　　4.　直线的捕捉与追踪功能

　　与AutoCAD类似，SketchUp也具有自动捕捉和追踪功能，并且默认为开启状态，在绘图的过程中可以直接使用，以提高绘图的准确度与工作效率。

　　在SketchUp中，可以自动捕捉到线条的端点和中点，如图2-43与图2-44所示。

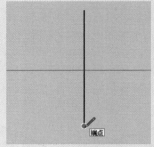

图2-43　捕捉线段端点

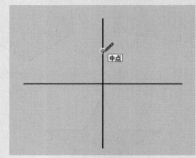

图2-44　捕捉线段中点

◎提示

　　相交线段在交点处将一分为二，此时线段中点的位置与数量会发生变化，如图2-44所示，同时也可以如图2-45和图2-46所示进行分段删除。此外，如果一条相交线段被删除，另外一条线段将恢复原状，如图2-47所示。

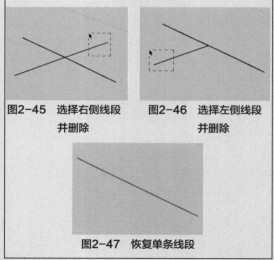

图2-45　选择右侧线段　　图2-46　选择左侧线段
　　　　并删除　　　　　　　　　　并删除

图2-47　恢复单条线段

　　追踪的功能相当于辅助线，将鼠标放置到直线的中点或端点，在垂直或水平方向移动光标即可进行追踪，从而轻松绘制出长度为一半且与之平行的线段，如图2-48～图2-50所示。

中文版SketchUp草图绘制技术精粹（第2版）

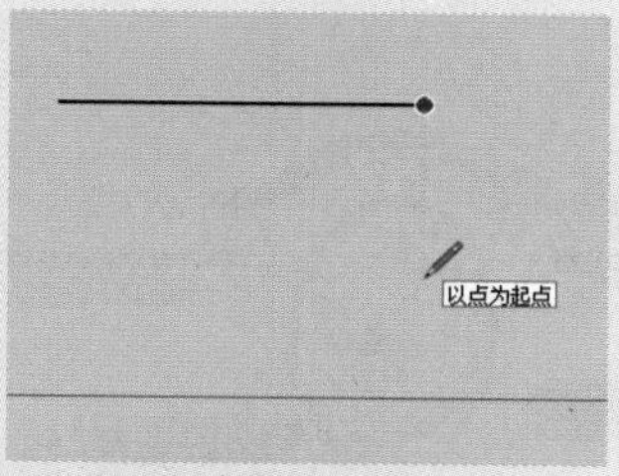

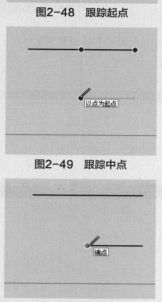

图2-48　跟踪起点

图2-49　跟踪中点

图2-50　绘制完成

5. 使用直线分割表面

在SketchUp中，直线不但可以相互分段，而且可以用于模型面的分割。

① 启用"直线"绘图命令，将其置于面的边界线上，当出现"在边线上"的提示信息时单击，创建线段的起点，如图2-51所示。

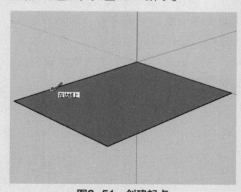

图2-51　创建起点

② 将光标置于模型另一侧边线，同样在出现"在边线上"的提示信息时单击，创建线段端点，如图2-52所示。

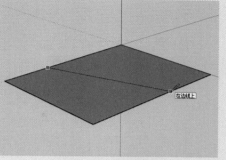

图2-52　创建端点

③ 此时在模型面上单击将其选中，可发现其已经被分割成左右两个面，如图2-53所示。

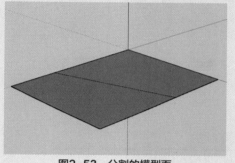

图2-53　分割的模型面

◎提示·◦

在SketchUp中，用于分割模型面的线段为细实线，普通线段为粗实线，如图2-54所示。

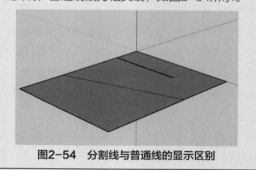

图2-54　分割线与普通线的显示区别

6. 拆分线段

SketchUp可以对线段进行快捷的拆分操作，具体操作步骤如下。

① 选择已绘制线段，右击，在弹出的快捷菜单中选择"拆分"选项，如图2-55所示。

② 向上或向下拖动光标，即可逐步增加或减少拆分线段，或在"数值"输入框中输入拆分段数，按Enter键确定，如图2-56所示。

01
02
03
04
05
06
07
08
09
10

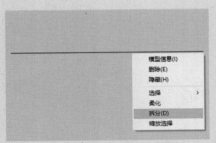

图2-55 选择"拆分"选项

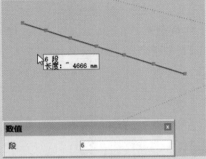

图2-56 拆分为6段

图2-57 景墙模型

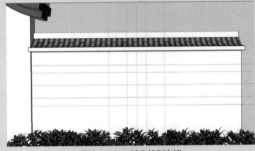

图2-58 绘制辅助线

2.1.4 实例——绘制镂空窗

下面通过实例介绍运用线工具绘制景墙上的镂空窗的方法。

01 打开配套资源中的"2.1.4绘制镂空窗.skp"素材文件，这是一个景墙模型，如图2-57所示。

02 利用"卷尺"工具在墙面上绘制辅助线，从左到右依次为1627mm、387mm、206mm、206mm、387mm，从上到下依次为300mm、158mm、275mm、278mm、175mm，如图2-58所示。

03 激活"直线"工具，依次捕捉辅助线的交点绘制不规则八边形，如图2-59所示。

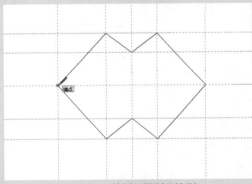

图2-59 绘制不规则八边形

04 利用"编辑/删除参考线"命令删除辅助线，绘制窗沿辅助线。重复调用"直线"工具，点取不规则八边形的端点后单击，并沿轴线方向拖动，在距端点45mm处单击绘制辅助线，如图2-60所示。

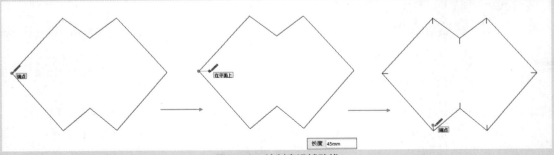

图2-60 绘制窗沿辅助线

⑤ 绘制窗沿轮廓。用"直线"工具✏连接窗沿辅助线的端点，并删除辅助线，如图2-61所示。

⑥ 用同样的方法绘制窗户内部轮廓，距离为25mm，如图2-62所示。

图2-61　绘制窗沿轮廓　　图2-62　绘制窗户内部轮廓

⑦ 激活"推/拉"工具◆将镂空部分进行推空处理，并推拉出窗沿厚度50mm，如图2-63所示。

图2-63　推出镂空及窗沿

⑧ 用同样的方法再绘制出另一个镂空窗，景墙绘制结果如图2-64所示。

图2-64　景墙绘制结果

2.1.5　圆工具

　　圆作为基本图形，广泛应用于各种设计中，通过下面详细讲解来学习SketchUp中圆的创建方法。单击"绘图"工具栏中的"圆"按钮●，或执行"绘图"|"形状"|"圆"命令，均可启用该工具。

　　1. 通过鼠标新建圆

① 移动光标至绘图区，待光标变成⊘后，单击确定圆心的位置，如图2-65所示。

② 拖动光标确定圆的半径，再次单击即可创建圆形平面，如图2-66与图2-67所示。

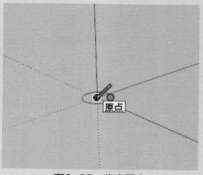

图2-65　确定圆心

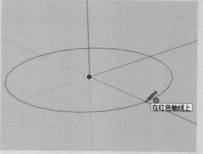

图2-66　拖出半径大小

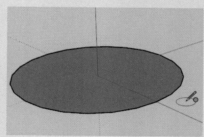

图2-67　绘制圆形

　　2. 通过输入新建圆

① 启用"圆"绘图命令，待光标变成⊘时，在绘图区单击确定圆心位置，如图2-68所示。

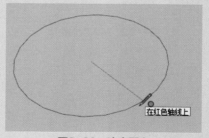

图2-68　确定圆心

② 直接输入半径值，然后按Enter键即可创建精确大小的圆形平面，如图2-69与图2-70所示。

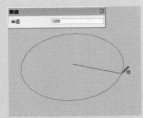

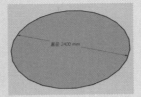

图2-69　输入半径值　　图2-70　圆形平面绘制完成

> ⊙提示·⊙
>
> 　　在三维软件中，圆除了"半径"这个几何特征外，还有"边数"的特征。边数越大，圆越平滑，所占用的内存也越大，SketchUp也是如此。在SketchUp中如果要设置"边数"，可以在确定好圆心后，输入"数量s"即可控制，如图2-71～图2-73所示。

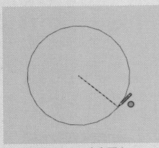

图2-71　确定圆心

图2-72　输入圆形边数

图2-73　圆形平面绘制完成

2.1.6　圆弧工具

　　圆弧虽然只是圆的一部分，但其可以绘制更为复杂的曲线，因此在使用与控制上更有技巧性。单击"绘图"工具栏中的 ⟋⟋⟋⟋⟋ 按钮或执行"绘图"|"圆弧"命令，均可启用该工具。

　　1．通过鼠标新建圆弧

01 启用"圆弧"绘图命令，待光标变成 时，在绘图区单击，确定圆弧起点，如图2-74所示。

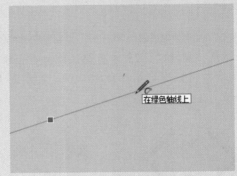

图2-74　确定圆弧起点和终点

02 拖动光标确定圆弧的弦长后单击，再向外侧移动光标绘制圆弧，如图2-75与图2-76所示。

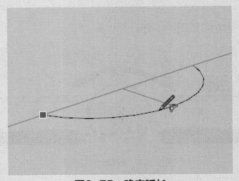

图2-75　确定弧长

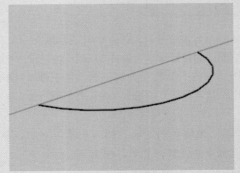

图2-76　圆弧绘制完成

◎提示·

如果要绘制半圆弧段，则需要在确定弧长后，往左或右移动光标，待出现"半圆"提示信息时再单击确定，如图2-77～图2-79所示。

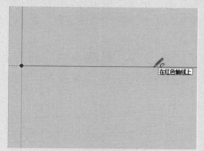

图2-77 确定圆弧起点

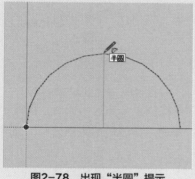

图2-78 出现"半圆"提示

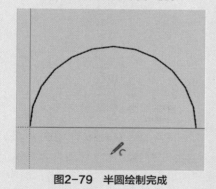

图2-79 半圆绘制完成

2. 通过输入新建圆弧

① 启用"圆弧"绘图命令，待光标变成 状时，在绘图区单击确定圆弧起点，如图2-80所示。

② 首先在"数值"输入框输入"长度"数值，按Enter键确认弦长，如图2-81所示。

③ 然后移动光标确定凸出方向，在"数值"输入框中输入数值确定边数，按Enter键确认，如图2-82所示。

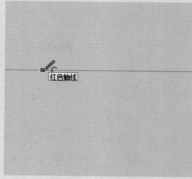

图2-80 确定圆弧起点

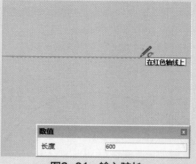

图2-81 输入弦长

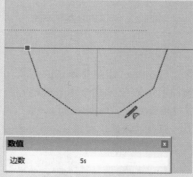

图2-82 输入边数

④ 再输入"弧高"数值并按Enter键确认，然后通过移动光标确定凸出方向，单击确定后即可创建精确大小的圆弧，如图2-83与图2-84所示。

图2-83 输入弧高

27

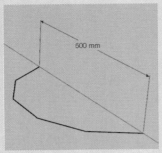

图2-84　绘制完成

◎提示·◦

除了直接输入"弧高"数值决定圆弧的度数外，还可以"数字R"格式进行输入，即以半径数值确定弧度，如图2-85所示。

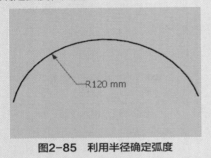

图2-85　利用半径确定弧度

3.　绘制相切圆弧

如果要绘制与已知图形相切的圆弧，首先需要保证圆弧的起点位于某个图形的端点外，然后移动光标拉出凸距，当出现"顶点切线"的提示信息时单击，即可创建相切圆弧，如图2-86～图2-89所示。

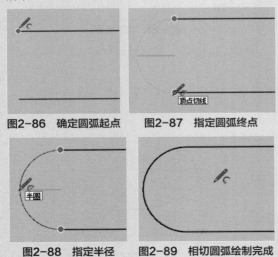

图2-86　确定圆弧起点　　　图2-87　指定圆弧终点

图2-88　指定半径　　　图2-89　相切圆弧绘制完成

2.1.7　多边形工具

使用"多边形"工具 ⊙ ，可以绘制边数为3～999之间的任意多边形。下面讲解其创建方法与边数控制技巧。单击"绘图"工具栏中的 ⊙ 按钮或执行"绘图"｜"形状"｜"多边形"命令，均可启用该工具。

01 启用"多边形"绘图命令，待光标变成 ✍ 时，在绘图区单击确定中心点，如图2-90所示。

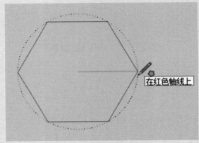

图2-90　确定多边形中心点

02 移动光标确定多边形的切向，输入"10s"按Enter键确定多边形的边数为10，如图2-91所示。

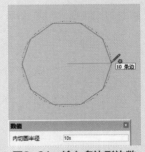

图2-91　输入多边形边数

03 输入多边形外接圆的半径值并按Enter键确定，创建精确大小的正10边形平面，如图2-92与图2-93所示。

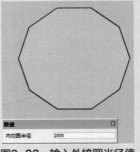

图2-92　输入外接圆半径值

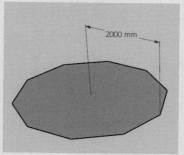

图2-93　正10边形平面绘制完成

◎提示·○

　　"多边形"工具的用法与"圆"工具的用法十分相似，唯一的区别在于拉伸之后，利用"圆"工具绘制的图形可自动柔化边线，而用"多边形"工具绘制的图形则不会，如图2-94所示。

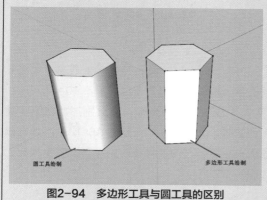

图2-94　多边形工具与圆工具的区别

2.1.8　手绘线工具

　　"手绘线"工具主要用于绘制不共面的不规则的连续线段或特殊形状的线条和轮廓。单击"绘图"工具栏中的 按钮或执行"绘图"|"直线"|"手绘线"命令，均可启用该工具。

① 启用"手绘线"工具，待光标变成 时，在模型上单击确定手绘线起点，如图2-95所示。

② 然后按住鼠标左键进行绘制，松开左键后即绘制完一条曲线。这条手绘曲线为一整条曲线，若想进行局部修改，则需选中曲线后右击，在弹出的快捷菜单中选择"分解曲线"选项，分解后再进行编辑，如图2-96所示。

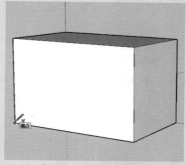

图2-95　确定绘制起点

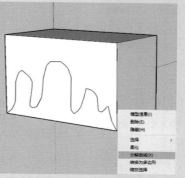

图2-96　选择"分解曲线"选项

◎提示·○

　　为避免占用过多系统资源，一般情况下用徒手画工具绘制出的曲线都是经SketchUp自动优化路径后形成的。若按住Shift键绘制，将绘制出完整的鼠标路径。线条包含更多细节并且不显示线宽，不会自动封闭成面，不能交错，也捕捉不到端点，不能被炸开且"选择"工具 不能将其选中，如图2-97所示。

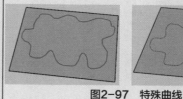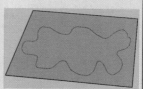

图2-97　特殊曲线

2.2　编辑工具

　　"编辑"工具栏中主要包含如图2-98所示的"移动""推/拉""旋转""路径跟随""拉伸"和"偏移"6种工具。其中"移动""旋转""拉伸"和"偏移"4个工具用于对象位置、形态的变

换与复制，而"推/拉""路径跟随"两个工具则用
于将二维图形转变成三维实体。

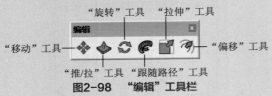

图2-98　"编辑"工具栏

2.2.1　推/拉工具

"推/拉"工具 ◆ 是二维平面生成三维实体模
型最为常用的工具。单击"编辑"工具栏中的 ◆
按钮或执行"工具"|"推/拉"命令，均可启用该
功能。

1．推拉单面

01 启用"推/拉"工具，待光标变成 ◆ 时，将
其置于将要拉伸的"面"表面并单击确定，如
图2-99所示。

02 然后拖曳鼠标拉伸三维实体，在"数值"输
入框中输入精确的推拉值，将平面进行推拉。可
以输入负值，表示向相反方向推拉。按Enter键
确定，如图2-100所示。

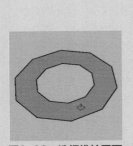
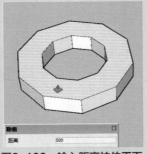

图2-99　选择推拉平面　　图2-100　输入距离拉伸平面

03 在拉伸完成后，再次激活"推/拉"工具，同
时按住Ctrl键，此时鼠标指针将显示为 ◆ ，可以
沿底面执行多次拉伸，如图2-101所示。

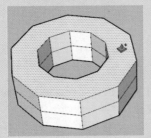
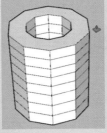

图2-101　重复推拉

◎技巧·◎

1．重复推拉：在完成一个推拉操作后，
SketchUp自动记忆此次推拉的数值，而后可以
通过双击对其他平面应用相同的推拉值。

2．对于异形的平面，如果直接使用"推/
拉"工具将拉伸出垂直的效果，如图2-102所
示，此时按住Alt键推拉，表面会产生类似移动
工具移动面的效果，如图2-103所示。

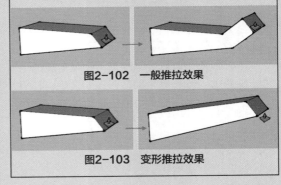

图2-102　一般推拉效果

图2-103　变形推拉效果

2．推拉分割实体面

01 启用"推/拉"工具，待光标变成 ◆ 状，将其
置于将要拉伸的模型表面，如图2-104所示。

02 向下或向上推动光标，将分别形成凹陷或突
出的效果，如图2-105与图2-106所示。如推拉
表面前后平行，向下推拉时则可将其完全挖空，
如图2-107所示。

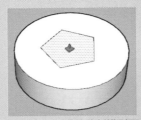
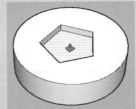

图2-104　选择分割模型面　　图2-105　向下推动光标

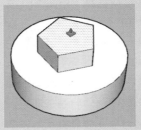

图2-106　向上推动光标　　图2-107　挖空模型

◎ 提示·•
　　只有在推拉前后表面互相平行时才能完全挖空。

2.2.2 实例——创建花坛

下面通过实例介绍利用推拉工具创建花坛的方法。

① 绘制花坛基座。激活"矩形"工具 ▨，绘制一个1600mm×1600mm的正方形，并用"推/拉"工具 ◆ 推拉出406mm的高度，如图2-108所示。

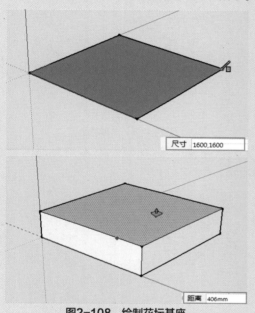

图2-108　绘制花坛基座

② 激活"缩放"工具 ▣，按住Ctrl键不动，在中心附近统一调整比例，将光标向外拖曳并单击，在"数值"输入框中输入比例为1.078，如图2-109所示。

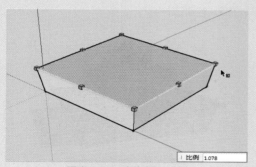

图2-109　丰富花坛基座

③ 绘制花坛座椅。激活"矩形"工具 ▨，分别以花坛基座外部轮廓矩形的对角点为矩形的角点，绘制出两个76mm×76mm的辅助正方形，如图2-110所示。

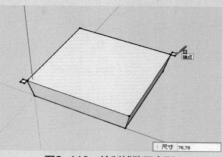

图2-110　绘制辅助正方形

④ 连接辅助正方形两个孤立的角点，绘制出花坛座椅的轮廓，并删除辅助正方形，如图2-111所示。

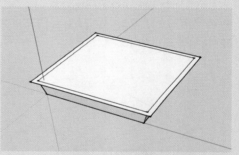

图2-111　连接辅助正方形

⑤ 利用"推/拉"工具 ◆，按住Ctrl键将花坛座椅向上拉出38mm的厚度，如图2-112所示。

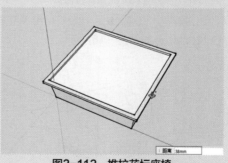

图2-112　推拉花坛座椅

⑥ 重复命令操作，继续推拉中间的正方形，并删除多余的线条，如图2-113所示。

⑦ 绘制花箱。激活"卷尺"工具 ◢ 绘制辅助线，将光标放置在边线上并单击，将其向内拖曳457mm，如图2-114所示。

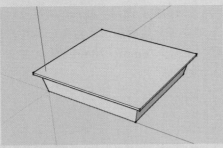

图2-113　完善花坛座椅

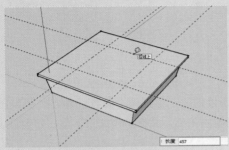

图2-114　绘制花箱辅助线

08　激活"矩形"工具▣，以辅助线的交点为端点绘制花箱轮廓，如图2-115所示。

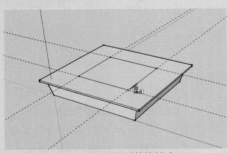

图2-115　绘制花箱轮廓

09　利用"推/拉"工具◆，按住Ctrl键将花箱向上推拉460mm，如图2-116所示。

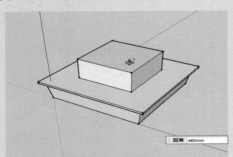

图2-116　推拉花箱

10　激活"缩放"工具▣，按住Ctrl键，输入比例为0.88，如图2-117所示。

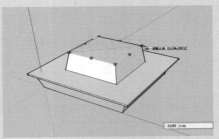

图2-117　缩放花箱顶面

11　按照上述的方法完善花箱，绘制两个100mm×100mm的辅助正方形，并连接辅助正方形两个孤立的角点，如图2-118所示。

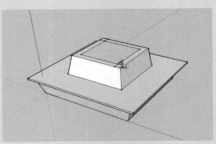

图2-118　完善花箱

12　然后使用"推/拉"工具◆将其向下推拉30mm，如图2-119所示。

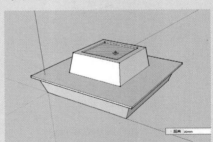

图2-119　向下推拉选中的面

13　激活"材质"工具◈，为创建完成的花坛赋予材质，并通过执行"窗口"｜"组件"命令，在3D模型库中选择植物添加至花坛中，完成效果如图2-120所示。

图2-120　花坛最终效果

2.2.3 移动工具

"移动"工具✛不但可以进行对象的移动，同时还兼具复制、拉伸功能。单击"编辑"工具栏中的✛按钮或执行"工具"|"移动"命令，均可启用该工具。

1. 移动对象

选择灯组件，如图2-121所示，然后选中移动基点，拖动鼠标即可在任意方向移动选择对象，将其置于移动目标点并在此单击，即完成对象的移动，如图2-122所示。

图2-121 灯组件

图2-122 移动组件

◎技巧·◦

如果要进行精确距离的移动，可以在确定移动方向后，直接输入精确数值，然后按Enter键确定即可。

2. 移动复制对象

01 选择目标对象，按住Ctrl键，待光标变成✛时，再确定移动起始点，此时拖动鼠标可以进行移动复制，如图2-123与图2-124所示。

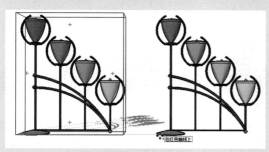

图2-123 移动复制

图2-124 移动复制完成

02 如果要精确控制移动复制的距离，可以在确定移动方向后，输入指定的数值，然后按Enter键确定，如图2-125与图2-126所示。

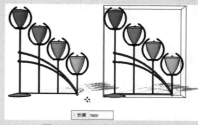

图2-125 输入移动数值

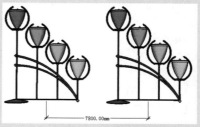

图2-126 精确移动完成

03 如果需要以指定的距离复制多个对象，可以先输入距离数值并按Enter键确定，然后以"个数X"或"个数/"的格式输入数值，并按Enter键确定即可复制对象，如图2-127～图2-130所示。

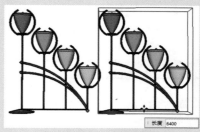

图2-127 输入移动距离

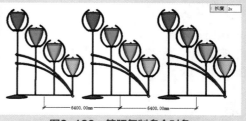

图2-128 等距复制多个对象

图2-129 输入移动数值

图2-130　等距复制多个对象

3. 移动编辑对象

利用"移动"工具✥移动点、线、面时，几何体会产生拉伸变形，如图2-131~图2-133所示。

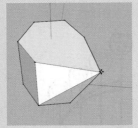

图2-131　点的移动

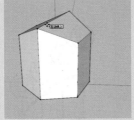

图2-132　线的移动

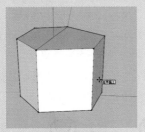

图2-133　面的移动

2.2.4　实例——线性阵列复制

下面通过实例介绍利用"移动"工具进行线性阵列复制的方法。

01 打开配套资源中的"2.2.4线性阵列复制.skp"素材文件，这是个马路场景模型，如图2-134所示。使用"选择"工具▸选中树模型，激活"移动"工具✥，按住Ctrl键，向右拖动鼠标移动复制树模型。

图2-134　马路场景模型

02 在"数值"输入框中输入复制距离3660mm，按Enter键确定，如图2-135所示。

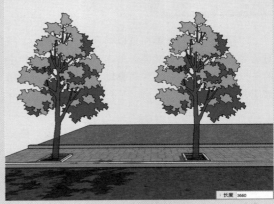

图2-135　输入复制距离

03 在"数值"输入框中输入"8x"，按Enter键确定，绘图区将出现8棵相同的树模型，如图2-136所示。

图2-136　输入复制数目

04 按住Ctrl键，向右拖动鼠标进行移动复制树模型。在"数值"输入框中输入复制距离29280mm，按Enter键确定，如图2-137所示。

图2-137　输入复制距离

05 在"数值"输入框中输入"8/"，按Enter键确定，则源树模型与复制树模型之间将出现7棵树模型，如图2-138所示。

图2-138　输入复制数目

2.2.5 旋转工具

"旋转"工具 ✿ 用于旋转对象，同时也可以完成旋转复制。单击"编辑"工具栏中的 ✿ 按钮或执行"工具"|"旋转"命令，均可启用该工具。

1. 旋转对象

01 选择模型，启用"旋转"工具，待光标变成 ✿ 时拖动光标确定旋转平面，然后在模型表面确定旋转轴心点与轴心线，如图2-139所示。

图2-139　选择模型

02 拖动鼠标，即可进行任意角度旋转，为确定旋转角度，可在"数值"输入框中直接输入旋转度数，按Enter键即可完成旋转，如图2-140与图2-141所示。

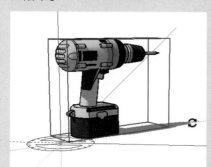

图2-140　进行旋转

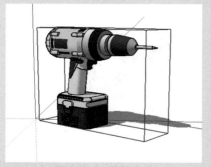

图2-141　旋转完成

◎ 提示 ·◦

1. 启用"旋转"工具后，按住鼠标左键不放，往不同方向拖动鼠标将产生不同的旋转平面，从而使目标对象产生不同的旋转效果。其中当旋转平面显示为蓝色时，对象将以Z轴为轴心进行旋转，如图2-140所示；而显示为红色或绿色时，将分别以X轴或Y轴为轴心进行旋转，如图2-142与图2-143所示。如果以其他位置作为轴心则以灰色显示，如图2-144所示。

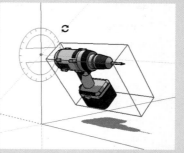

图2-142　以X轴为中心旋转

图2-143　以Y轴为中心旋转

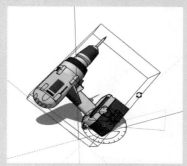

图2-144　以其他位置为轴心

2. 可以对捕捉角度进行修改，执行"窗口"|"模型信息"命令，在弹出的模型信息对话框中设置参数，如图2-145所示，在量角器范围内移动鼠标将会根据所设置的捕捉角度进行旋转。

图2-145　设置角度捕捉参数

2.　旋转部分模型

01 选择模型对象要旋转的部分表面，然后确定旋转平面，并将轴心点与轴心线确定在分割线端点，如图2-146所示。

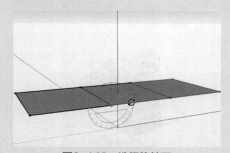

图2-146　选择旋转面

02 拖动鼠标确定旋转方向，直接输入旋转角度，按Enter键确定完成一次旋转，如图2-147所示。

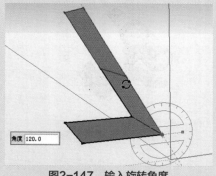

角度 120.0

图2-147　输入旋转角度

03 选择最上方的面，重新确定轴心点与轴心线，再次输入旋转角度并按Enter键完成旋转，如图2-148所示。

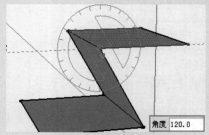

角度 120.0

图2-148　旋转完成

◎技巧·◎

如果对SketchUp模型某个面进行旋转，则模型相关的面将会发生自动扭曲，如图2-149所示。

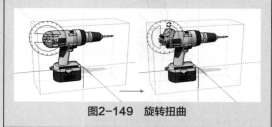

图2-149　旋转扭曲

3.　旋转复制和环形阵列

与"移动"工具✦类似，"旋转"工具◎通过借助辅助键也可以进行复制和阵列，下面通过实例进行详细讲解。

2.2.6　实例——旋转复制对象

下面通过实例介绍利用旋转工具进行旋转复制阵列的方法。

01 打开配套资源中的"2.2.6旋转复制对象.skp"素材文件，如图2-150所示，这是一个餐桌模型，下面为其添加座椅。

图2-150　餐桌模型

02 选择座椅组件，激活"旋转"工具◎，确定旋转轴线后，按住Ctrl键，在"数值"输入框中输入旋转角度90°，按Enter键确定，如图2-151所示。再在"数值"输入框中输入复制份数"3x"。按Enter键确定，如图2-152所示。

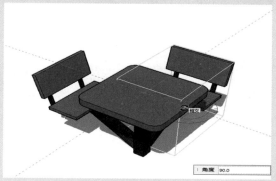

图2-151　确定旋转角度

图2-152　确定复制数量

03 或者选择座椅组件，激活"旋转"工具 🔄，确定旋转轴线后，按住Ctrl键，在"数值"输入框中输入旋转角度270°，按Enter键确定，如图2-153所示。再在"数值"输入框中输入复制份数"/3"。按Enter键确定，如图2-154所示。

图2-153　确定旋转角度

图2-154　确定复制份数

"路径跟随"工具 🌀 可以利用两个二维图形或平面生成三维实体，类似于3ds Max中的放样工具，在绘制不规则单体时非常有用。单击"编辑"工具栏中的 🌀 按钮，或执行"工具"|"路径跟随"命令，均可启用路径跟随工具。

1．面与线的应用

01 启用"路径跟随"工具，待光标变成 时，单击选择其中的二维平面，如图2-155所示。

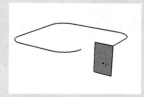

图2-155　选择截面图形

02 将光标移动至线型附近，此时在线型上就会出现一个红色捕捉点，沿线型推动光标直至完成效果，如图2-156与图2-157所示。

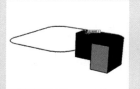

图2-156　捕捉路径　　　图2-157　完成效果

2．面与面的应用

01 启用"路径跟随"工具并单击选择角线截面，如图2-158所示。

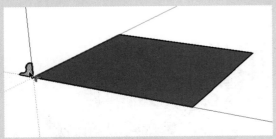

图2-158　选择角线截面

02 待光标变成 🖑 时，将光标移动至天花板平面图形，跟随其捕捉一周，如图2-159所示。

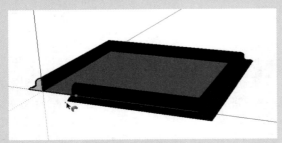

图2-159　捕捉平面路径

03 单击确定捕捉完成，最终效果如图2-160所示。

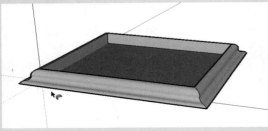

图2-160　完成效果

◎技巧·◦

　　SketchUp并不能直接创建球体、棱锥、圆锥等几何形体，通常在面上应用"路径跟随"工具进行创建，其中圆锥体的创建过程如图2-161～图2-163所示。

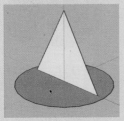

图2-161　选择路径

图2-162　选择截面

◎技巧·◦

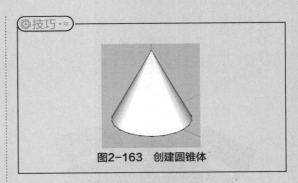

图2-163　创建圆锥体

3. 实体上的应用

01 在实体表面上选择线段即放样路径，如图2-164所示。

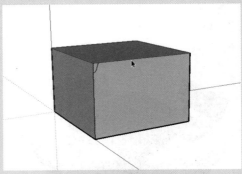

图2-164　选择放样路径

02 待光标变成 🖑 时，单击选择的边角轮廓，即可完成实体边角效果，如图2-165所示。

图2-165　完成效果

2.2.8　实例——创建长椅

　　下面通过实例介绍利用路径跟随工具创建长椅的方法。

01 打开配套资源中的"2.2.8创建长椅.skp素材文件，如图2-166所示，这是一个创建长椅的辅助图形。

图2-166　打开辅助图形

02　绘制椅背和椅面。使用"选择"工具选择放样路径，激活"路径跟随"工具 🖌，在构成椅背和椅面的矩形平面上单击，矩形面将会沿弧线路径生成如图2-167所示的模型。

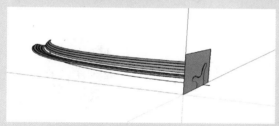

图2-167　路径跟随生成模型

03　重复上述操作，继续选中放样路径，椅背和椅面完成效果如图2-168所示。

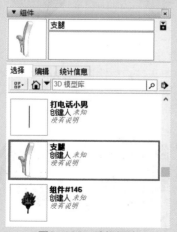

图2-168　椅背和椅面的完成效果

04　绘制支腿。执行"窗口"｜"组件"命令，在3D模型库中选择支腿添加到图形中，并删除多余的辅助图形，如图2-169与图2-170所示。

图2-169　选择组件

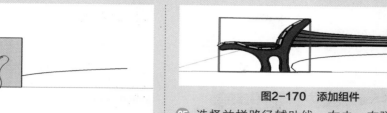

图2-170　添加组件

05　选择放样路径辅助线，右击，在弹出的快捷菜单中选择"拆分"选项，并将线段拆分为6段，如图2-171所示。

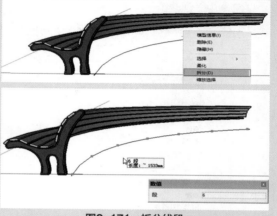

图2-171　拆分线段

06　选择支腿组件。激活"移动"工具 ✛，按住Ctrl键，拖曳鼠标，然后捕捉拆分点，确定复制支腿的位置，如图2-172所示。使用"旋转"工具 ✿，将支腿旋转至合适角度，如图2-173所示。

图2-172　移动复制支腿

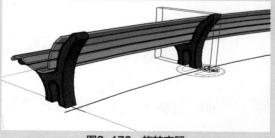

图2-173　旋转支腿

07 重复上述操作，继续复制、旋转支腿，完成效果如图2-174所示。

图2-174　复制支腿完成效果

08 分别框选椅背、椅面和支腿，通过执行右键关联菜单中"创建组"命令，将其分别创建成组。激活"材质"工具 ✍，将其赋予材质，如图2-175所示。

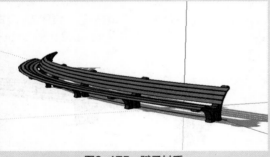

图2-175　赋予材质

09 将创建完成的长椅放置在相应的场景中，长椅完成的最终效果如图2-176所示。

图2-176　长椅完成的最终效果

2.2.9　缩放工具

"缩放"工具 ▦通过夹点来调整对象的大小，即可以进行X、Y、Z三个轴向等比缩放，也可以进行任意轴向的非等比缩放。单击"编辑"工具栏中的 ▦按钮或执行"工具"|"缩放"命令，均可启用该工具。

1．等比缩放

01 启用"缩放"工具，模型周围出现用于缩放的栅格，待光标变 ▨时，选择任意一个位于顶点的栅格点，此时按住鼠标左键并拖动，即可进行模型的等比缩放，如图2-177～图2-179所示。

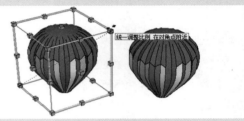

图2-177　选择缩放栅格点

图2-178　等比缩放

图2-179　等比缩放完成

02 除了直接通过鼠标进行缩放外，在确定缩放栅格点后，输入缩放比例，按Enter键可完成指定比例的缩放，如图2-180～图2-182所示。

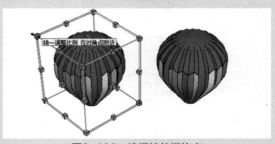

图2-180　选择缩放栅格点

图2-181　输入缩放比例

图2-182　精确缩放完成

◎技巧·◎

　　1．选择缩放栅格后，按住鼠标左键向上推动为放大模型，向下推动则为缩小模型。此外，在进行二维平面模型等比缩放时，需要按住Ctrl键，方可进行等比缩放，如图2-183~图2-185所示。

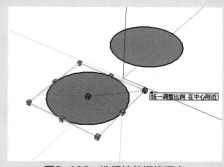

图2-183　选择缩放栅格顶点

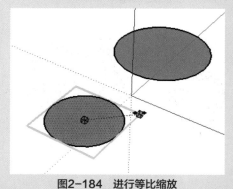

图2-184　进行等比缩放

◎技巧·◎

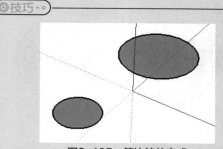

图2-185　等比缩放完成

　　2．在进行精确比例的等比缩放时，数量小于1则为缩小、大于1则为放大。如果输入负值，则对象不但会进行比例的调整，其位置也会发生镜像改变，如图2-186与图2-187所示。因此如果输入-1，将得到"镜像"的效果，如图2-188所示。

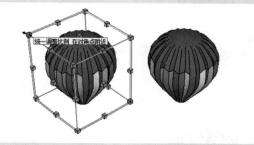

图2-186　选择缩放栅格点

图2-187　输入负值的缩放效果　　图2-188　镜像缩放效果

2．非等比缩放

　　"等比缩放"均匀改变对象的尺寸大小，其整体造型不会发生改变，通过"非等比缩放"操作，则可以在改变对象尺寸的同时改变其造型。

01 选择对象，启用"缩放"工具，选择位于栅格线中间的栅格点，在光标处显示提示信息，如图2-189所示。

02 确定栅格点后单击，然后拖动鼠标即可进行缩放，确定缩放大小后单击，即可完成缩放，如图2-190与图2-191所示。

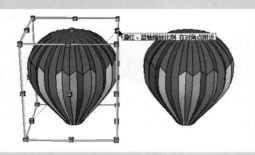

图2-189　选择缩放栅格线中点

图2-190　非等比缩放

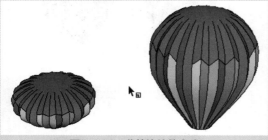

图2-191　非等比缩放完成

◎提示··◎

　　1. 选择其他栅格点时会显示提示信息，如图2-192与图2-193所示，都可以进行"非等比缩放"。此外，选择某个位于面中心的栅格点，还可进行X、Y、Z任意单个轴向上的"非等比缩放"，如图2-194所示即为Z轴上的"非等比缩放"。

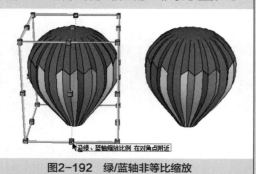

图2-192　绿/蓝轴非等比缩放

◎提示··◎

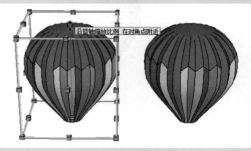

图2-193　红/绿轴非等比缩放

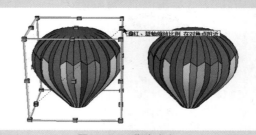

图2-194　中心点单轴非等比缩放

　　2. 按住Shift键可以切换至等比缩放。同时按住Ctrl键和Shift键，可以切换到所有物体的等比/非等比的中心缩放。

　　3. 要在多个方向进行不同的缩放，可以输入用逗号隔开的数值，如（1D，2D，3D）比例模式进行非等比缩放，如图2-195与图2-196所示。

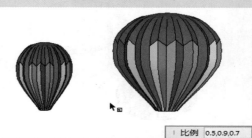

图2-195　指定方向

比例　0.5,0.9,0.7

图2-196　输入缩放比例

中文版SketchUp草图绘制技术精粹（第2版）

2.2.10 偏移工具

"偏移"工具🌒主要用于对表面或一组共面的线进行移动和复制。可以将表面或边线偏移复制到源表面或边线的内侧或外侧，偏移之后会产生新的表面和线条。单击"编辑"工具栏中的🌒按钮或执行"工具"|"偏移"命令，均可启用该工具。

1. 面的偏移复制

01 启用"偏移"工具，待光标变🌒时，在要偏移的平面上单击，确定偏移的基点，然后向内拖动鼠标，如图2-197与图2-198所示。

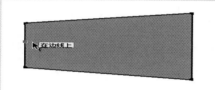

图2-197 确定偏移参考点

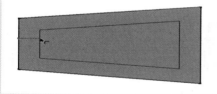

图2-198 向内偏移复制

02 确定偏移大小后，再次单击，即可完成偏移复制，如图2-199所示。

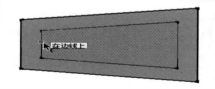

图2-199 偏移复制完成效果

◎提示·◦

"偏移"工具不仅可以向内缩小复制，还可以向外放大复制。在平面上单击确定偏移基点后，向外拖动鼠标即可，如图2-200～图2-202所示。

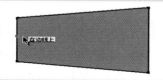

图2-200 选择偏移基点

◎提示·◦

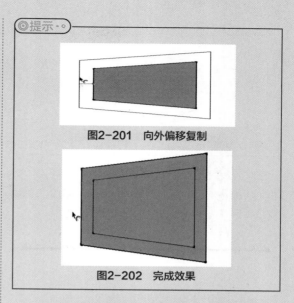

图2-201 向外偏移复制

图2-202 完成效果

03 如果需精确偏移复制的距离，可以在平面上单击确定偏移基点后，在"数值"输入框中输入数值，按Enter键确认，如图2-203～图2-205所示。

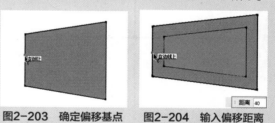

图2-203 确定偏移基点　　图2-204 输入偏移距离

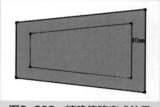

图2-205 精确偏移完成效果

◎提示·◦

"偏移"工具对任意造型的面均可进行偏移与复制，如图2-206～图2-208所示。

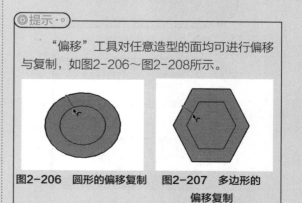

图2-206 圆形的偏移复制　　图2-207 多边形的
　　　　　　　　　　　　　　　　　偏移复制

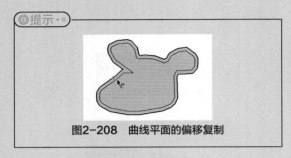

图2-208 曲线平面的偏移复制

2. 线段的偏移复制

　　"偏移"工具无法对单独的线段以及交叉的线段进行偏移与复制，如图2-209与图2-210所示。

图2-209 无法偏移复制单独线段

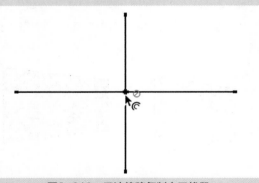

图2-210 无法偏移复制交叉线段

　　而对于多条线段组成的转折线、弧线以及线段与弧形组成的线形，均可以进行偏移与复制，如图2-211～图2-213所示。具体操作方法与"面"的操作类似，这里不再赘述。

图2-211 偏移复制转折线

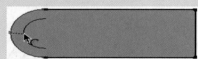

图2-212 偏移复制弧线

图2-213 偏移复制混合线形

2.2.11 实例——创建储物柜

　　下面通过实例介绍利用偏移工具创建储物柜的方法。

01 激活"矩形"工具 ▥，在平面上绘制一个3200mm×600mm的矩形，并用"推/拉"工具 ♦向上拉出2392mm的高度，如图2-214所示。

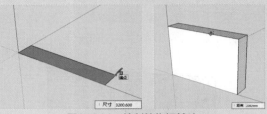

图2-214 绘制储物柜基础

02 划分储物柜。选择长方体三条边线，激活"偏移"工具 ⏷，将其向内偏移60mm的距离，如图2-215所示。

图2-215 向内偏移边线

03 利用"直线"工具 ✏细分柜子，捕捉横向线段的中点并连接，如图2-216所示。

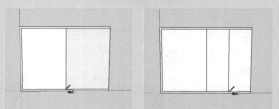

图2-216 细分柜子

04 丰富右侧柜子。选择分格面，激活"偏移"工具 ⏷，将其向内偏移60mm的距离，如图2-217所示。双击其余分格面，将执行相同偏移距离的偏移，如图2-218所示。

图2-217　偏移复制　　　图2-218　重复偏移复制

05 激活"卷尺"工具 ，根据提供的参数绘制辅助线，如图2-219所示。用"直线"工具 沿辅助线绘制出挂衣柜的装饰线，如图2-220所示。

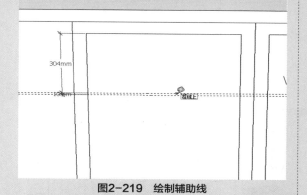

图2-219　绘制辅助线

图2-220　绘制挂衣柜装饰线

06 选择挂衣柜装饰线，激活"移动"工具 ，按住Ctrl键向下移动复制304mm的距离，再在"数值"输入框中输入"5x"，按Enter键确定，然后窗选所有装饰线，沿X轴移动复制，如图2-221所示。

07 使用"推/拉"工具 将矩形向内推拉20mm，双击其余矩形，将以相同的距离执行"推拉"操作，如图2-222所示。

08 重复操作，将左侧柜向内推拉540 mm，如图2-223所示。

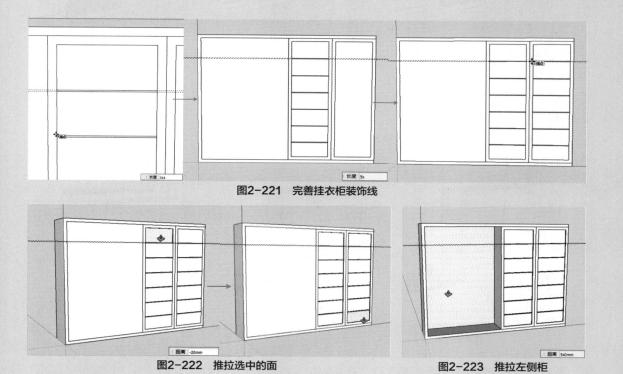

图2-221　完善挂衣柜装饰线

图2-222　推拉选中的面　　　　　图2-223　推拉左侧柜

09 绘制抽屉柜。激活"矩形"工具 ▦，在平面上绘制一个900mm×930mm的矩形，如图2-224所示。

10 利用"推/拉"工具 ◆ 将矩形向外推拉520mm；按住Ctrl键继续向外推拉20mm，表示抽屉；将抽屉柜向上推拉20mm，如图2-225所示。

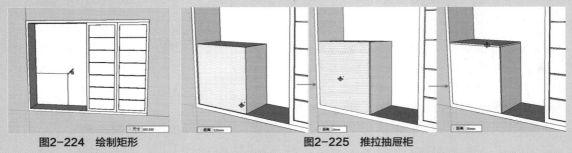

图2-224 绘制矩形　　　　　　　　图2-225 推拉抽屉柜

11 细化抽屉柜。激活"直线"工具 ✏，捕捉横向线的中点并连接，然后选择线段右击，在弹出的快捷菜单中选择"拆分"选项，将其等分为6份，并用"直线"工具 ✏ 将等分点与横向线段端点连接，如图2-226所示。

图2-226 细化抽屉柜

12 绘制柜把手。激活"旋转矩形"工具 ▥，绘制一个450mm×20mm的矩形，将其旋转45°，如图2-227所示。

13 窗选柜把手，右击，在弹出的快捷菜单中选择"创建群组"选项，将柜把手创建为群组，如图2-228所示。

14 双击进入组件，将柜把手向上推拉3mm，如图2-229所示。

图2-227 绘制柜把手轮廓　　　　　图2-228 创作组件　　　　　图2-229 推拉柜把手

15 激活"移动"工具 ◆，指定移动基点，按住Ctrl键沿红轴方向移动复制，移动到指定基点后单击确定，如图2-230所示。

16 再次选择柜把手，使用"移动"工具 ◆，指定移动基点，按住Ctrl键沿蓝轴方向移动复制155mm，再在"数值"输入框中输入"5x"，如图2-231所示。

图2-230 移动复制把手

图2-232 绘制辅助线

图2-231 复制5份

图2-233 绘制矩形

⑰ 细化左侧柜子。激活"卷尺"工具，根据提供的参数绘制辅助线，如图2-232所示。使用"矩形"工具，分别绘制60mm×1570mm、两个60mm×670mm的矩形，如图2-233所示。

⑱ 激活"推/拉"工具，按住Ctrl键，将矩形分别向外推拉520mm、460mm，如图2-234所示。

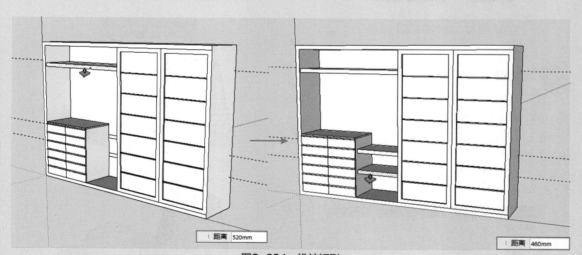

图2-234 推拉矩形

⑲ 绘制衣杆。使用"圆"工具和"直线"工具绘制放样路径，如图2-235所示。

⑳ 使用"选择"工具选择放样路径，激活"路径跟随"工具，在圆形平面上单击，圆形面则将会沿弧线生成如图2-236所示的模型。

㉑ 激活"材质"工具，赋予储物柜颜色，并添加相关组件，最终效果如图2-237所示。

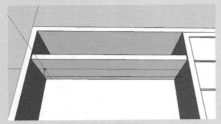

图2-235　绘制放样路径

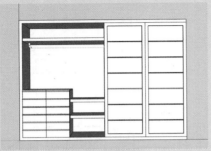

图2-236　生成模型

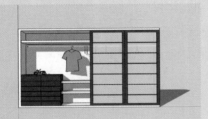

图2-237　储物柜的完成效果

2.3　实体工具

通过执行"视图"｜"工具栏"命令，在弹出的"工具栏"对话框中勾选"实体工具"选项，或在"主工具栏"上右击，在弹出的快捷菜单中勾选"实体工具"选项，均可调出"实体"工具栏，如图2-238所示。

图2-238　调出"实体"工具栏的操作

"实体"工具栏从左到右，依次为"实体外壳""相交""联合""减去""剪辑"和"拆分"六个工具，接下来了解每个工具的使用方法与技巧。

2.3.1　实体外壳工具

"实体外壳"工具 用于快速将多个单独的实体模型合并成一个组或组件，具体的操作方法与技巧如下。

01 打开SketchUp后创建两个几何体，如图2-239所示。如果此时直接启用"实体外壳"工具对几何体进行编辑，将出现"不是实体"的提示信息，如图2-240所示。

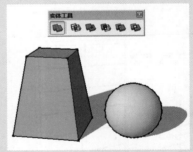

图2-239　建立几何体模型

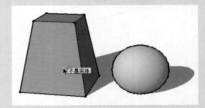

图2-240　无法直接对几何体进行编辑

02 分别选择两个几何体，为其添加"创建组件"命令，如图2-241所示。再次启用"实体外壳"工具 进行编辑时出现"实体组件"的提示信息，如图2-242所示。

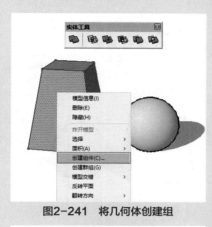

图2-241 将几何体创建组

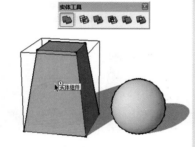

图2-242 实体组提示

◎提示·◦

　　区别于其他常用的图形软件,在SketchUp中几何体并非实体,模型只有在执行"创建组件"命令后才被认可为实体。

⓷ 将光标移动至四棱台模型表面,将出现"①实体组件"的提示信息,表明当前进行合并的实体数量,单击确定。

⓸ 再次单击球体模型,即可完成外壳操作,此时两个模型将合并为一个组,如图2-243与图2-244所示。

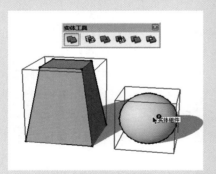

图2-243 选择球体模型

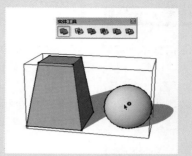

图2-244 实体外壳操作完成

⓹ 双击利用"实体外壳"工具创建的组,可以进入组对模型单独进行编辑,如图2-245所示。

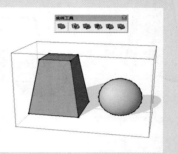

图2-245 双击进入组

◎提示·◦

　　如果场景中有比较多的实体需要进行合并,可以在将所有实体全选后再单击"实体外壳"工具按钮,这样可以快速进行合并,如图2-246与图2-247所示。

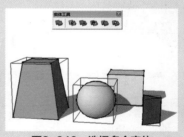

图2-246 选择多个实体

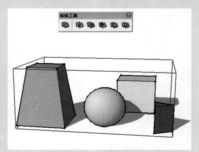

图2-247 组成单个实体

2.3.2 相交工具

布尔运算是大多数三维图形软件都具有的功能,其中"相交"运算可以快速获取实体间相交部分模型,具体的操作方法与技巧如下。

01 选择球体,将其移动至与四棱台相交,如图2-248所示。启用"相交"运算工具▣并单击选择四棱台,如图2-249所示。

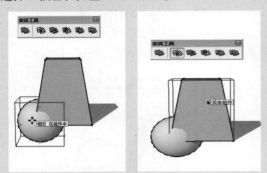

图2-248 使实体相交 图2-249 单击选择四棱台

02 再在球体上单击,如图2-250所示,即可获得两个实体相交部分的模型,同时之前的实体模型将被删除,如图2-251所示。

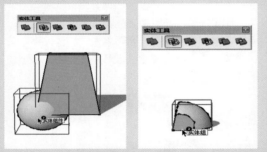

图2-250 单击选择球体 图2-251 相交运算完成效果

◎提示…◦

多个相交实体间的"相交"运算可以先全选相关实体,然后再单击"相交"工具按钮进行快速运算。

2.3.3 联合工具

布尔运算中的"联合"运算工具▣可以将多个实体合并为一个实体并保留空隙,如图2-252~图2-254所示。在SketchUp中"联合"工具▣与之前介绍的"实体外壳"工具▣功能没有明显区别。

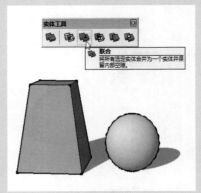

图2-252 单击联合运算按钮

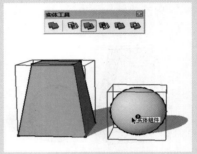

图2-253 选择实体

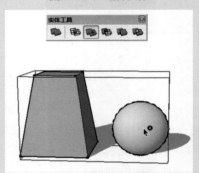

图2-254 联合运算完成效果

2.3.4 减去工具

"减去"工具▣用于将某个实体与其他实体相交的部分进行切除,具体的操作方法与技巧如下。

01 选择球体,将其移动至与四棱台相交,如图2-255所示。然后启用"减去"运算工具▣,并选择外部四棱台模型,再单击球体模型,如图2-256所示。

02 "减去"运算完成之后将保留后选择的实体,而删除先选择的实体以及相关的部分,如图2-257所示。

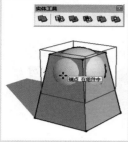
图2-255 移动球体

图2-256 启用减去工具
并选择四棱台

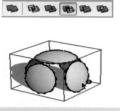
图2-257 减去运算完成效果

03 在进行"减去"运算时，实体的选择顺序不同，将得到不同的运算结果，如图2-258～图2-260所示。

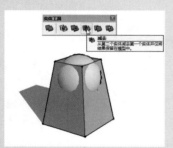
图2-258 单击减去运算按钮

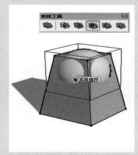
图2-259 选择第一个实体

图2-260 减去运算完成效果

2.3.5 剪辑工具

在SketchUp中"剪辑"工具 🔹 的功能类似于布尔运算中的"减去"工具，但其在进行实体接触部分切除时，不会删除用于切除的实体，如图2-261～图2-263所示。

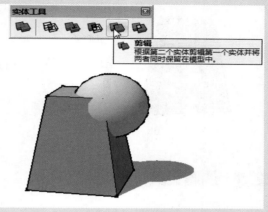
图2-261 使用剪辑工具

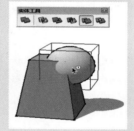
图2-262 实体修剪完成

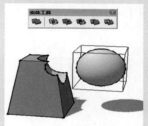
图2-263 实体修剪效果

◎提示•◎

与"减去"工具的应用类似，在使用"剪辑"工具时，"实体"单击次序的不同将产生不同的"剪辑"效果。

2.3.6 拆分工具

在SketchUp中，"拆分"工具 🔹 的功能类似于布尔运算中的"相交"工具，但其在获得实体间接触部分的同时，仅删除之前实体间相接触的部分，如图2-264～图2-266所示。

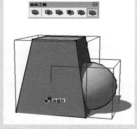
图2-264 使用拆分工具

图2-265 实体拆分完成

51

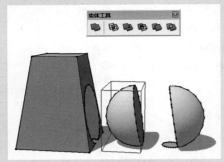

图2-266 实体拆分效果

2.4 沙箱工具

不管是城市规划、园林景观设计还是游戏动画的场景设计，创建出一个好的地形环境能为设计增色不少。在SketchUp中创建地形的方法有很多，包括结合CAD、AracGIS等软件进行高程点数据的共享并结合"沙箱"工具进行三维地形的创建等，其中直接利用"沙箱"工具创建地形的方法应用较为普遍。

"沙箱"工具是SketchUp内置的一个地形工具，用于制作三维地形效果，除此之外还可以创建很多其他的物体，如膜状结构物体的创建等。执行"视图"｜"工具栏"命令，在弹出的"工具栏"对话框中勾选"沙箱"选项即可弹出"沙箱"工具栏，如图2-267所示。

图2-267 调出"沙箱"工具栏

"沙箱"工具栏内按钮的各个功能如图2-268所示，其主要通过"根据等高线创建"与"根据网格创建"创建地形，然后通过"曲面起伏""曲面平整""曲面投射""添加细部"以及"对调角线"工具进行细节处理。接下来了解各功能具体的使用方法与技巧。

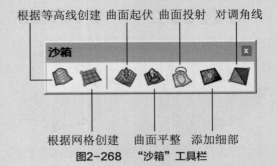

图2-268 "沙箱"工具栏

2.4.1 根据等高线建模

利用"根据等高线创建"工具（或执行"绘图"｜"沙箱"｜"根据等高线创建"命令），可以将相邻且封闭的等高线形成三角面，等高线是一组垂直间距相等且平行于水平面的假想面与自然地貌相交所得到的交线在平面上的投影。

等高线上的所有点的高程必须都相等，等高线可以是直线、圆弧、圆、曲线等，使用"根据等高线创建"工具将会让这些闭合或不闭合的线封闭成面，形成坡地。

2.4.2 实例——创建伞

下面通过实例介绍利用"根据等高线创建"工具创建伞的方法。

01 激活"多边形"工具，在"数值"输入框中输入多边形边数为8，以原点为多边形中点，在场景中创建一个半径为1930mm的八边形，如图2-269所示。

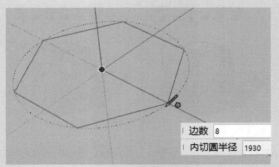

图2-269 绘制伞轮

02 利用"卷尺"工具沿蓝轴方向距八边形630mm处绘制辅助线，并使用"圆"工具绘制一个半径为25mm的圆，如图2-270所示。

中文版SketchUp草图绘制技术精粹（第2版）

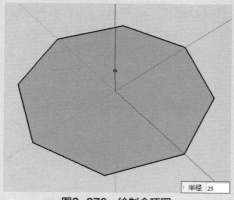

图2-270 绘制伞顶圆

03 激活"矩形"工具 ■ ，以圆心为矩形的第一个角点绘制一个垂直于多边形的矩形，如图2-271所示。

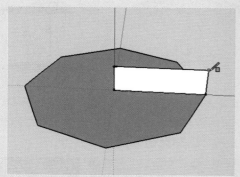

图2-271 绘制矩形

04 激活"直线"工具 ✎ ，在矩形上绘制直线，以矩形和圆外边缘线的交点为第一点，矩形对角点为第二点，如图2-272所示。

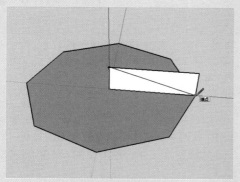

图2-272 绘制辅助线段

05 删除除直线外的辅助面和辅助线，选中直线，激活"旋转"工具 ✿ ，按住Ctrl键，旋转45°并在"数值"输入框中输入"8x"，将圆弧按圆心旋转复制8份，如图2-273～图2-275所示。

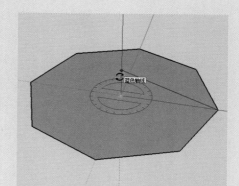

图2-273 确定旋转基点

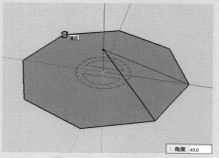

图2-274 确定旋转轴

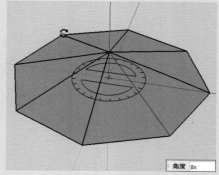

图2-275 旋转复制8份

06 选择删除不需要的面，保留伞的轮廓线，如图2-276与图2-277所示。

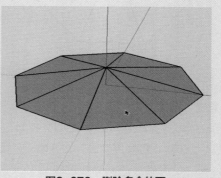

图2-276 删除多余的面

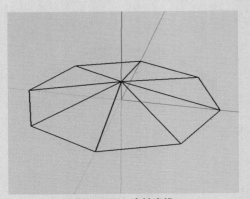

图2-277　伞轮廓线

07 框选整个伞轮廓模型，激活"根据等高线创建"工具 ，完成伞面的创建，如图2-278所示。

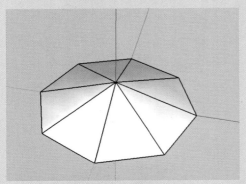

图2-278　创建伞面

08 为伞添加伞柄等细节，激活"偏移"工具 ，将顶部的圆形向内偏移5mm，如图2-279所示。

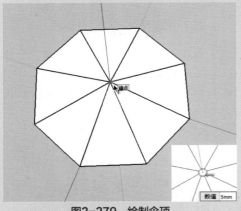

图2-279　绘制伞顶

09 激活"推/拉"工具 ，按住Ctrl键，将偏移后的圆形向下推拉3100mm，向上推拉115mm，如图2-280示，再使用"圆"工具 、"推/拉"工具 、"旋转"工具 等完成伞骨支架的创建，如图2-281所示。

10 激活"材质"工具 ，将伞赋予相应的材质，如图2-282所示，伞模型创建完成。

图2-280　绘制伞杆

图2-281　添加伞骨　　　图2-282　赋予材质

11 将其放置相应的场景中，遮阳伞最终的绘制效果如图2-283所示。

图2-283　最终效果

2.4.3　根据网格创建建模

　　利用"根据网格创建"工具 可以在场景中创建网格，再将网格中的部分进行曲面拉伸。通过此工具只能创建大体的地形空间，不能精确绘制地形。

01 激活"根据网格创建"工具 ，在"数值"输入框中输入"栅格间距"，按Enter键确定，如图2-284所示。

02 在场景中确定网格第一点后，拖动鼠标指定方向，移动至所需长度处单击，或者可以在"数

中文版SketchUp草图绘制技术精粹（第2版）

值"输入框中输入需要的长度,按Enter键确定,如图2-285示。

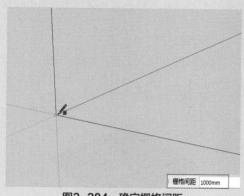

图2-284 确定栅格间距

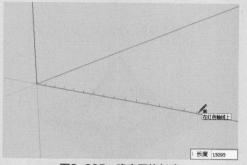

图2-285 确定网格长度

03 再次拖动鼠标指定方向,利用上述方法确定网格另一边的长度,如图2-286所示。

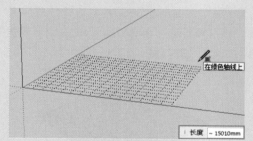

图2-286 确定网格宽度

04 生成的网格自动成组,可双击进入对其进行编辑,如图2-287所示。

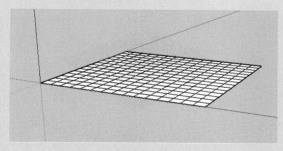

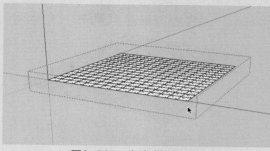

图2-287 自动成组的网格

网格绘制完成后,使用"沙箱"工具栏中的其他工具进行调整与修改才能产生地形效果。首先了解"曲面起伏"工具的使用方法与技巧。

> ◎技巧·◦
>
> 在输入"栅格间隔"并确定后,绘制网格时每个刻度之间的距离即为设定的间距宽。

2.4.4 曲面起伏

01 绘制完成的网格默认为组,使用"沙箱"工具栏中的工具无法单个进行调整。选择模型后右击,在弹出的快捷菜单中选择"炸开模型"选项,使其变成"细分的大型平面",如图2-288与图2-289所示。

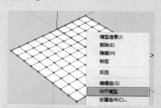

图2-288 分解网格

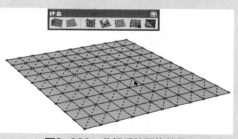

图2-289 分解后的网格效果

02 启用"曲面起伏"工具 ,待光标变成 状时能自动捕捉网格上的交点,如图2-290所示。

图2-290　启用曲面起伏工具

◎技巧·○

"曲面起伏"图标下方的红色圆圈为其影响的范围大小，在启用该工具后即可输入数值自定义其"半径"大小。

03 单击选择网格上任意一个交点，然后推拉鼠标即可产生地形的起伏效果，如图2-291所示。

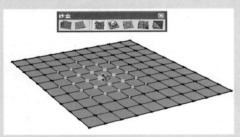

图2-291　选择交点

04 确定完成地形起伏效果后在再次单击（或直接输入数值确定精确的高度），即可完成该处地形效果的制作，如图2-292与图2-293所示。

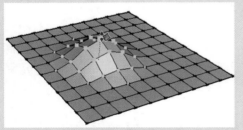

图2-292　制作地形起伏效果

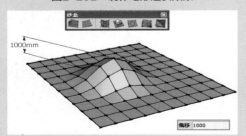

图2-293　制作精确起伏高度

"曲面起伏"工具是制作地形起伏效果的主要工具，因此通过网格的点、线、面进行不同的选择，可以制作出丰富的地形效果，接下来进行具体讲解。

1．点拉伸

启用"曲面起伏"工具，选择任意一个交点进行拉伸即可制作出具有明显顶点的地形起伏效果，如图2-294与图2-295所示。

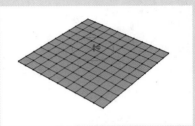

图2-294　选择单个交点

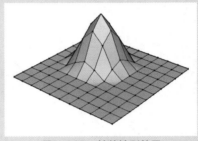

图2-295　拉伸地形效果

2．线拉伸

01 启用"曲面起伏"工具后选择任意一条边线，推动鼠标即可制作比较平缓的地形起伏效果，如图2-296与图2-297所示。

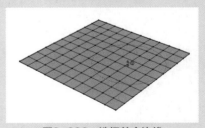

图2-296　选择单个边线

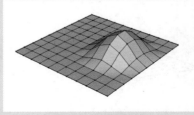

图2-297　地形起伏效果

02 如果在启用"曲面起伏"工具前选择"根据网格创建"面上的连续边线，然后再启用"曲面起伏"工具进行拉伸，则可得到具有山脊特征的地形起伏效果，如图2-298～图2-300所示。

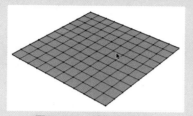

图2-298 选择连续边线

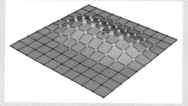

图2-299 拉伸连续边线

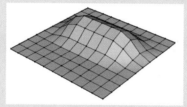

图2-300 拉伸完成效果

03 如果在启用"曲面起伏"工具前，在"根据网格创建"面上选择间隔的多条边线，然后再启用"曲面起伏"工具进行拉伸，则可得到连绵起伏的地形效果，如图2-301～图2-303所示。

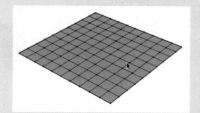

图2-301 选择间隔边线

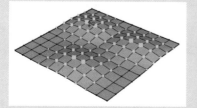

图2-302 拉伸间隔边线

图2-303 拉伸完成效果

04 此处执行"视图"|"显示 隐藏的几何图形"命令，可以将网格中隐藏的对角边线进行虚显，选择对角边线后启用"曲面起伏"工具进行拉伸，可以得到斜向的起伏效果，如图2-304～图2-306所示。

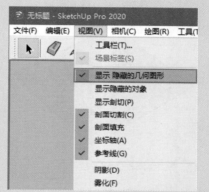

图2-304 执行"显示 隐藏的几何图形"命令

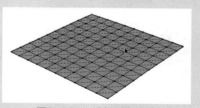

图2-305 选择对角边线

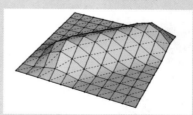

图2-306 拉伸完成效果

◎技巧·○

　　在使用"曲面起伏"工具制作地形起伏效果时，"线拉伸"是主要手段。在制作过程中应该根据连续边线、间隔边线以及对角线的拉伸特点，灵活地进行结合运用。

3. 面拉伸

01 启用"曲面起伏"工具前，在网格面上选择任意一个面即可制作具有"顶部平面"的地形起伏效果，如图2-307～图2-309所示。

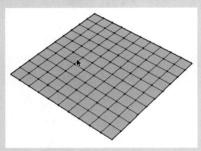

图2-307 选择面

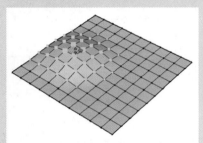

图2-308 拉伸面

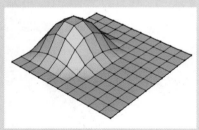

图2-309 拉伸完成效果

02 进行面拉伸时可以选择多个顶面同时拉伸，以制作出连绵起伏的地形效果，如图2-310～图2-312所示。

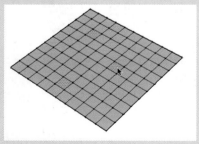

图2-310 选择多个面

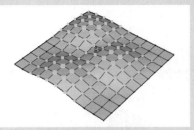

图2-311 拉伸多个面

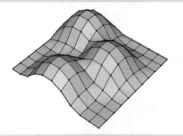

图2-312 拉伸完成效果

2.4.5 曲面平整

"曲面平整"工具 用于在较为复杂的地形中创建建筑的基面并平整场地，使建筑物能够与地面更好地结合。

"曲面平整"工具 也应用于有转折的底面。当底面的转折角度等于90°、小于90°、大于90°时，底面平整到地面上会有不同的表现。"曲面平整"工具 不支持镂空的情况，遇到有镂空的面会自动闭合，如图2-313所示。

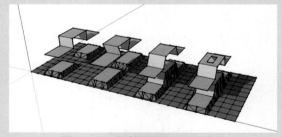

图2-313 平整到地面的不同情况

2.4.6 实例——创建地形

下面通过实例介绍结合"根据网格创建"工具和曲面拉伸、曲面平整工具创建地形的方法。

01 激活"根据网格创建"工具 ，将栅格间距设置为3000mm，并创建出60000×6000的网格，创建的网格将自动成组，如图2-314所示。

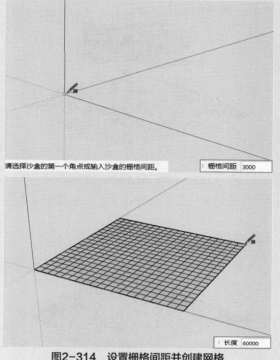

请选择沙盒的第一个角点或输入沙盒的栅格间距。 | 栅格间距 | 3000

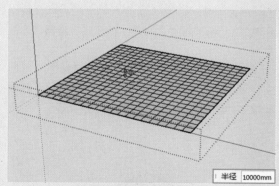

长度 | 60000

图2-314 设置栅格间距并创建网格

02 双击进入网格组件，激活"曲面拉伸"工具
🌸，在"数值"输入框中输入半径值，控制推拉
范围为10000mm，按Enter键确定，如图2-315
所示。

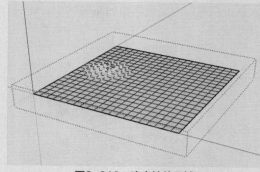

图2-316 确定拉伸区域

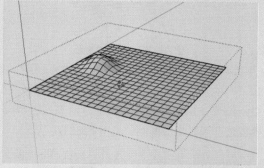

图2-317 确定拉伸高度

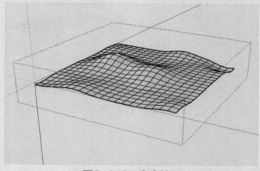

半径 | 10000mm

图2-315 确定拉伸半径

03 移动鼠标至需要推拉出地形的区域，单击确
定，被"曲面拉伸"工具🌸的圆周覆盖范围内的
网格点都将被选中，如图2-316所示。

04 沿Z轴方向上下移动鼠标，单击确定推拉距
离，或者在"数值"输入框中输入地形高度，推
拉地形的高度可自定，如图2-317所示。

05 继续调用"曲面拉伸"工具🌸丰富地形，如
图2-318所示。

图2-318 丰富地形

06 通过执行"文件"｜"导入"命令，将资源
库中的"创建地形咖啡店.skp"文件导入场景
中，如图2-319所示。

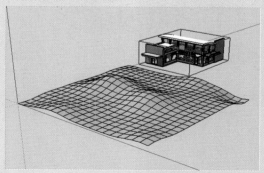

图2-319 导入咖啡店模型

07 双击咖啡店实体进入组的编辑状态，以其底面形状为准，为实体创建一个平整的表面并推拉出一定的距离，如图2-320所示。

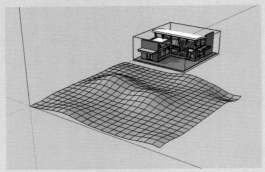

图2-320 创建平整面

08 将视图切换为俯视图，选中咖啡店模型，激活"移动"工具✛，确定移动基点，将其移动至中间位置，切换视图为等轴图，沿Z轴将咖啡店模型悬空放置在地形上，如图2-321所示。

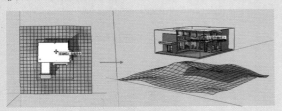

图2-321 悬空放置

09 激活"曲面平整"工具🖌，单击要进行平整操作的底面，然后输入底面外延的距离为1000mm，如图2-322所示。

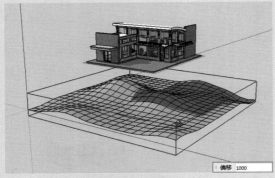

图2-322 确定外延距离

10 选择底面后单击地形确定位置，如图2-323所示。

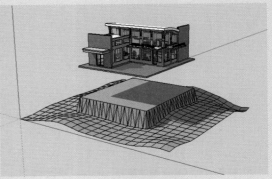

图2-323 确定地形位置图

11 将建筑和底面移动到在地形上创建完成的平面上，如图2-324所示。

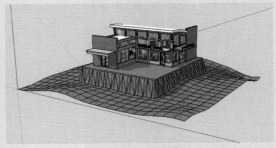

图2-324 移动模型

2.4.7 曲面投射

"曲面投射"工具🖌可以将物体的形状投影到地形上，在创建位于坡地上的广场、道路时非常有用。

01 激活"曲面投射"工具🖌，此时光标为"曲面投射"工具🖌原色，按照状态栏的提示，在需要投影的图元上单击，如图2-325所示。

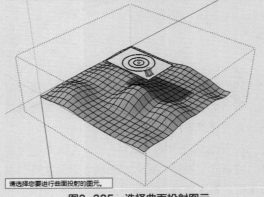

请选择您要进行曲面投射的图元。

图2-325 选择曲面投射图元

02 选择投射图元后，光标将变为红色，按照状

态栏的提示，在投射网格上单击，如图2-326
所示。

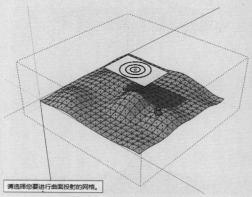

请选择您要进行曲面投射的网格。

图2-326　选择曲面投射网格

03　操作完成后，会发现网格上出现了完全按照
地形坡度走向投影的矩形面，如图2-327所示。

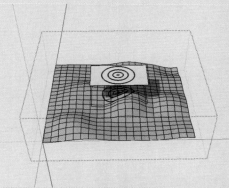

图2-327　曲面投射结果

◎提示·◦

　　若需要投影的实体较多，可先选中实体，然
后激活"曲面投射"工具 ，为方便选择，也可
将投影面制作成组。

2.4.8　实例——创建园路

　　下面通过实例介绍利用曲面投射工具创建有坡
度的园路的方法。

01　打开配套资源中的"2.4.8创建园路.skp"素
材文件，如图2-328所示。

02　开启"阴影"显示，将需要投影的实体悬空放置
在设定地形上，并调整好位置，如图2-329所示。

图2-328　园路平面模型

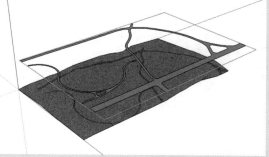

图2-329　放置平面模型

03　激活"曲面投射"工具 ，单击投影面，再单
击地形面，在地形上即出现投影线，如图2-330
所示。

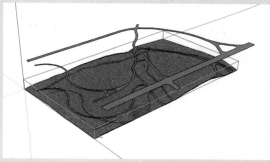

图2-330　制作投影线

04　在生成的投影线所构成的表面上填充材质，
如图2-331所示。

图2-331　赋予材质

2.4.9　添加细部

　　在使用"根据网格创建"工具进行地形效果
的制作时，过少的细分面将使地形效果显得生硬，
过多的细分面则会增大系统显示与计算负担。使用
"添加细部"工具 在需要表现细节的地方单击，

01
02
03
04
05
06
07
08
09
10

通过手动移动鼠标或者在"数值"输入框中输入精确数值，进行细部变化，而其他区域将保持较少的细分面，具体操作方法如下。

01 通过执行"视图"｜"显示 隐藏的几何图形"命令，即可看到网格中每个小方格内的对角线，如图2-332所示。

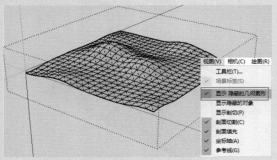
图2-332 显示 隐藏的几何图形

02 选中需要添加细部的区域，激活"添加细部"工具 ，效果如图2-333与图2-334所示。

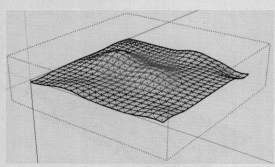
图2-333 选择要拉伸的细分面

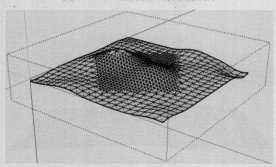
图2-334 对网格面进行细分

03 细分完成后再使用"曲面起伏"工具 进行拉伸，即可得到平滑的拉伸边缘，如图2-335与图2-336所示。

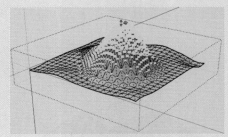
图2-335 拉伸细分后的网格面

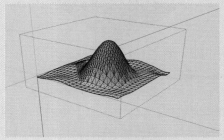
图2-336 拉伸完成效果

> ◎提示•◎
>
> 激活"添加细部"工具 后，状态栏将会显示添加细部的工作进度条，如图2-337所示。一般情况下应尽量选择小区域，以免造成大量不必要的计算导致SketchUp崩溃。
>
> |------------------->------------------| 75%.
> 图2-337 工作进度条

2.4.10 对调角线

"对调角线"工具 用于将构成地形的网格的小方格内的对角线进行翻转，从而对局部的凹凸走向进行调整。

在虚显"根据网格创建"地形的对角边线后，启用"对调角线"工具可以根据地势走向对应改变对角边线方向，从而使地形变得平缓一些，如图2-338与图2-339所示。

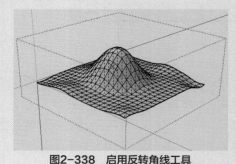
图2-338 启用反转角线工具

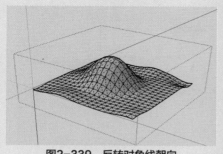

图2-339 反转对角线朝向

> ◎提示·。
>
> "对调角线"工具 ▨ 主要在一些地形起伏不能顺势而下的情况中应用。

2.5 课后练习

2.5.1 绘制室外座椅

本小节通过创建如图2-340所示的室外座椅，练习基本绘图工具的使用。通过分析可以知道，室外座椅主要由桌椅和太阳伞组成，其中桌椅主要由桌面、桌腿、椅座组成；太阳伞主要由伞座、伞柄、骨支架组成。

图2-340 室外座椅

提示步骤如下。

01 激活 "圆" 工具 ◉、"推/拉" 工具 ◆，绘制桌面，如图2-341所示。

02 激活 "直线" 工具 ✐、"矩形" 工具 ▧，绘制出截面和放样路径，并使用 "路径跟随" 工具 ⌖ 放样出桌腿，如图2-342所示。

03 激活 "圆弧" 工具 ▱、"偏移" 工具 ⌒，绘制椅子面，并使用 "推/拉" 工具 ◆ 推拉椅子的厚度，如图2-343所示。

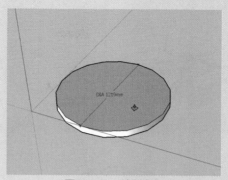

图2-341 绘制桌面

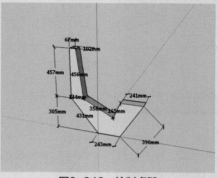

图2-342 绘制桌腿

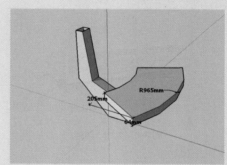

图2-343 绘制椅座

04 选择桌腿和椅子，激活 "旋转" 工具 ◐，按住Ctrl键，将其旋转复制3份，如图2-344所示。

05 激活 "多边形" 工具 ⬡，绘制伞轮，并使用 "卷尺" 工具 ✐、"圆" 工具 ◉、"矩形" 工具 ▧，绘制辅助面，使用 "直线" 工具 ✐、"旋转" 工具 ◐，绘制太阳伞轮廓线，如图2-345所示。

06 框选整个伞轮廓模型，激活 "根据等高线创建" 工具 ⬢，完成伞面的创建，如图2-346所示。

07 为伞添加伞座、伞柄、骨支架等细节，并使用 "移动" 工具 ✛，将太阳伞移动至合适位置，如图2-340所示。

图2-344　旋转复制

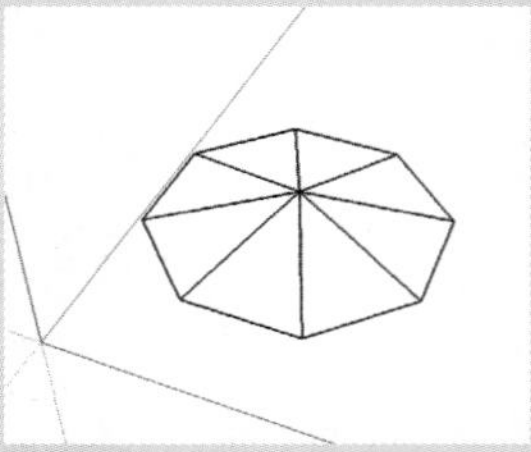

图2-345　绘制伞轮廓

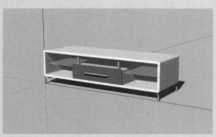

图2-346　伞面创建完成

2.5.2　绘制电视柜

本小节通过创建如图2-347所示的电视柜，练习基本绘图工具的使用。电视柜主要由台面、抽屉、支撑脚组成。

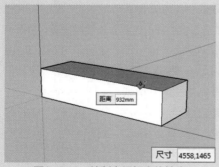

图2-347　电视柜

提示步骤如下。

① 激活"矩形"工具 ▓、"推/拉"工具 ◈，绘制电视柜大体轮廓，如图2-348所示。

图2-348　绘制电视柜大体轮廓

② 使用"偏移"工具 ⌒、"推/拉"工具 ◈，细化电视柜，如图2-349所示。

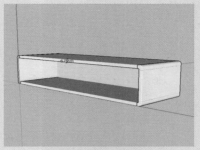

图2-349　细化电视柜

③ 激活"矩形"工具 ▓、"圆"工具 ●、"推/拉"工具 ◈，绘制抽屉，如图2-350所示。

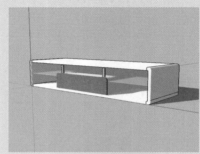

图2-350　绘制抽屉

④ 使用"圆"工具 ●、"路径跟随"工具 ╭，绘制抽屉把手，如图2-351所示。

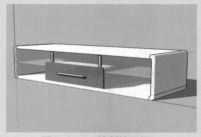

图2-351　绘制抽屉把手

⑤ 激活"直线"工具 ✎、"圆弧"工具 ⌐、"圆"工具 ●、"路径跟随"工具 ╭，绘制支撑脚，并使用"移动"工具 ◈，按住Ctrl键，将其移动复制，如图2-352所示。

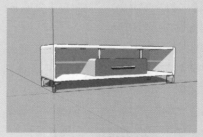

图2-352　绘制支撑脚

第3章
SketchUp辅助设计工具

SketchUp 2020中除绘图工具栏外，还有"标准""视图""样式""构造""相机""漫游"等辅助工具栏，本章将介绍这些辅助工具栏的用法。

3.1 选择和编辑工具

在对场景模型进行下一步操作之前，必须先选中需要操作的物体。图形的选择包括"点选""窗选""框选"和"鼠标右键关联选择"4种方式。

3.1.1 选择工具

SketchUp中的"选择"命令可以通过单击"选择"工具 ▸ 按钮或执行"工具"|"选择"命令，启用该工具，具体操作方法如下。

1. 点选

激活"选择"工具，此时在视图内将出现一个箭头图标，如图3-1所示。

图3-1 激活选择工具

在任意对象上单击可选中模型面，若在一个面上双击，将选中这个面以及构成线，若在一个面上三击左键或以上，将选中与这个面相连的所有面、线及被隐藏的虚线，如图3-2所示。

图3-2 单击、双击、三击鼠标左键的选择效果

选择目标后，如果需要继续选择其他对象，则按住Ctrl键不放，待视图的光标变为 ▸+ 时，再单击所需选择的对象，即可将其加入选择集。利用该方法加选两个靠枕，如图3-3所示。

图3-3 加选两个靠枕

如果误选了某个对象而需要将其从选择范围中去除时，可以按住Shift键不放，待视图中的光标变成 ▸± 时，单击误选对象即可将其减选。利用该种方法减选靠枕，如图3-4所示。

图3-4 减选靠枕

按住Ctrl键，选择工具变为增加选择 ，可以将实体添加到选择集中。按住Shift键，选择工具变为反选 ，可以改变几何体的选择状态。已经选中的物体会被取消选择，反之亦然。同时按住Ctrl键和Shift键，选择工具变为减少选择 ，可以将实体从选择集中排除。

2. 窗选和框选

"窗选"的方法是按住鼠标左键从左上角至右下角拖动，绘图区将出现实线选框，如图3-5所示，将选中完全包含在矩形选框内的对象，如图3-6所示。

图3-5　绘制窗选选框

图3-6　窗选模型结果

"框选"的方法是按住鼠标左键从右下角至左上角拖动鼠标，绘图区将出现虚线选框，如图3-7所示，将选中完全包含及部分包含在矩形选框内的对象，如图3-8所示。

图3-7　绘制框选选框

图3-8　框选模型结果

选择完成后，单击视图任意空白处，将取消当前所有选择。使用Ctrl+A组合键或执行"编辑"|"全选"命令，将全选无论是否显示在当前的视图范围内所有对象。使用Ctrl+T组合键或执行"编辑"|"全部不选"命令，将取消全部所选对象。

3. 右键关联选择

在SketchUp中，"线"是最小的可选择单位，"面"则是由"线"组成的基本建模单位，通过扩展选择，可以快速选择关联的面或线。

利用"选择"工具 选中物体元素，再右击，将出现右键关联菜单，如图3-9所示。菜单中包含有6个子命令："边界边线""连接的平面""连接的所有项""在同一标记的所有项""使用相同材质的所有项"和"反选"。通过对不同选项的选择，可以扩展选择命令。

图3-9　右键关联菜单

3.1.2　实例——窗选和框选

下面通过实例介绍利用选择工具进行窗选和框选的方法。

01 打开配套资源中的"3.1.2窗选和框选.skp"素材文件，这是一个医院规划场景模型，如图3-10所示。

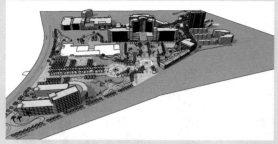

图3-10　医院规划场景

02 窗选场景左上角建筑物体，窗选选框应完全包括三栋建筑物，松开鼠标左键后即可选中，如图3-11所示，窗选选框为实线。

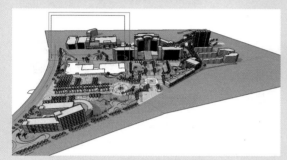

图3-11　窗选中心建筑

03 激活"移动"工具✦，将选中的建筑移动至对应的场景区域中，如图3-12所示。

图3-12　移动选中建筑

04 框选场景中右侧建筑物体，选框只需与所需选中物体有相交即可选中，如图3-13所示，框选选框为虚线。

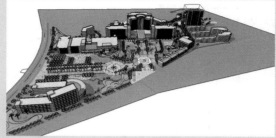

图3-13　框选模型

05 按Delete键将选中的建筑删除，如图3-14所示。

图3-14　删除选中建筑

3.1.3　制作组件

"制作组件"工具 🗗 主要用于管理场景中的模型，当在场景中制作完成某个模型时，通过将其制作成组件，可以精简模型个数，方便模型的选择。如果复制多个模型，在修改其中一个时，其他模型也会跟着发生相应的改变，从而提高工作效率。

此外，将模型制作成组件后可以单独导出，这样不但方便与他人分享，自己也可以随时再导入使用。接下来介绍制作组件的方法。

选择需要制作为组件的模型元素，单击"主要"工具栏中的"制作组件"按钮🗗，或右击，在弹出的快捷菜单中选择"创建组件"选项，如图3-15所示。

图3-15　右键关联菜单

此时弹出"创建组件"对话框，用于设置组件信息，如图3-16所示。

图3-16　"创建组件"对话框

定义：用于为制作的组件定义名称，中英文数字皆可，主要为方便记忆。

描述：用于输入组件的描述文字，方便查阅。

黏接至：用于指定组件插入时所要对齐的面，可以在如图3-17所示的下拉列表中选择"无""任意""水平""垂直"或"倾斜"选项。

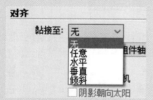

图3-17　下拉列表

设置组件轴：用于给组件指定一个组件内部坐标。

切割开口：在创建组件过程中，需要在创建的物体上开洞，例如门洞、窗洞等。选择此项后，组件将在与表面相交的位置剪切开口。

总是朝向相机：选择此项后，场景中创建的组件将始终对齐到视图，以面向相机的方向显示，不受视图变更的影响，如图3-18与图3-19所示。若定

义的组件为二维图形，需要选择此项，这样可以利用二维图形代替三维实体，避免组件对系统运行速度的影响。

图3-18　不朝向镜头

图3-19　总是朝向镜头

阴影朝向太阳：选择此项后，组件将始终显示阴影面的投影。此选项只有在选择"总是朝向镜头"选项后才能生效，如图3-20与图3-21所示。

图3-20　阴影不朝向太阳

图3-21　阴影朝向太阳

用组件替换选择内容：选择此项后，场景中的物体才会以组件形式显示，否则只是定义了组件，在组件库会生成相应的组件名称，但是场景仍是以原物体显示，不会以组件形式显示。一般情况下需要选择此项。

组件信息设置完成后，单击"创建"按钮 创建 即可完成组件的制作。组件制作完成后以组件形态显示，如图3-22所示。

图3-22　组件创建完成

3.1.4　擦除工具

删除图形的工具主要为"擦除"工具 ，选择"擦除"工具 ，单击想要删除的模型元素即可删除。单击大工具集上的"擦除"按钮 ，或执行"工具"|"橡皮擦"命令，均可启用该工具。

待光标变成 时，将其置于目标线段上方，按住鼠标左键，在需要删除的模型元素中拖动，被选中的物体将会突出显示，此时松开鼠标左键则可将选中的物体全部删除，如图3-23与图3-24所示。但该工具不能直接进行"面"的删除，如图3-25所示。

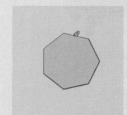 

图3-23　选择需删除线段　　图3-24　删除完成

图3-25　不能直接删除面

使用"擦除"工具 的同时按住Shift键，此时将不会删除模型元素，而将边线隐藏。同时按住Ctrl键，此时将不会删除模型元素，而将边线柔化。同时按住Ctrl键和Shift键，将取消柔化效果，但不能取消隐藏。

3.1.5　实例——处理边线

下面通过实例介绍利用辅助键处理边线的方法。

01 打开配套资源中的"3.1.5处理边线.skp"素材文件，这是一个未进行线条处理的儿童游戏场景模型，模型棱角分明，线条粗糙不美观，如图3-26所示。

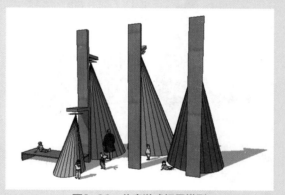

图3-26　儿童游戏场景模型

02 以锥体上的线段为目标线段，激活"擦除"工具 ，在线段上单击，此时线段将被删除，同时由此线段构成的面也将删除，如图3-27与图3-28所示。

图3-27　选择待删除的线

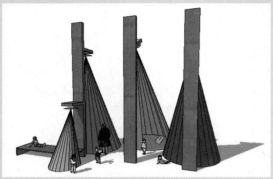

图3-28　删除结果

03 退回上一步操作，按住Shift键并在线段上单击，此时线段将被隐藏，但是由线段构成的轮廓还在，仍然显得有棱有角，如图3-29所示。

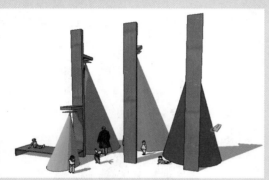

图3-29　隐藏边线

04 退回上一步操作，按住Ctrl键并在线段上单击，此时线段将被柔化，看不到线段构成的轮廓，如图3-30所示。

图3-30　柔化边线

◎提示·◦

　　若要删除大量线，建议使用的更快的方法为，激活"选择"工具 ↖ ，按住Ctrl键进行多选，然后按Delete键删除。

3.2　建筑施工工具

　　SketchUp 2020的建筑施工工具包括"卷尺""尺寸""量角器""文字""轴""三维文字"工具，如图3-31所示。其中"卷尺"与"量角器"工具用于尺寸与角度的精确测量与辅助定位，其他工具则用于进行各种标识与文字创建。

"尺寸"工具　"文字"工具　"三维文字"工具

"卷尺"工具

"量角器"工具　"轴"工具

图3-31　"建筑施工"工具栏

3.2.1　卷尺工具

　　"卷尺"工具 ✏ 可以执行一系列与尺寸相关的操作，包括测量两点间距离、绘制辅助线和辅助点以及对模型进行缩放。单击"建筑施工"工具栏中的"卷尺"按钮 ✏ ，或执行"工具"|"卷尺"命令，均可启用该工具。下面对相关操作进行详细讲解。

　　1.　测量距离功能

　　启用"卷尺"工具，当光标变成 ❋ 时单击确定测量起点，如图3-32所示。

图3-32　确定测量起点

　　拖动光标至测量端点，并再次单击确定，即可在"输入"数值框中看到长度数值，如图3-33所示。

图3-33　测量完成效果

中文版SketchUp草图绘制技术精粹（第2版）

◎技巧·◎

如图3-33所示显示的测量数值为大约值，这是因为SketchUp根据单位精度进行了四舍五入。进入"模型信息"对话框，选择"单位"选项卡，调整"显示精确度"参数，如图3-34所示，再次测量即可得到精确的长度数值，如图3-35所示。

图3-34　调整精确度

图3-35　精确测量数值

2. 创建辅助线功能

启用"卷尺"工具，单击确定"延长"辅助线端点，如图3-36所示。

图3-36　确定延长端点

拖动鼠标确定"延长"辅助线方向，输入延长数值并按Enter键确定，即可生成"延长"辅助线，如图3-37与图3-38所示。

图3-37　输入延长数值

图3-38　创建延长辅助线

拖动鼠标确定偏移辅助线的方向，如图3-39所示，输入偏移数值并按Enter键确定，即可生成"偏移"辅助线，如图3-40与图3-41所示。

图3-39　确定偏移方向

图3-40　输入偏移数值

图3-41　创建偏移辅助线

◎技巧·◎

1. 辅助线之间的交点、辅助线与线、平面以及实体的交点均可用于捕捉。

2. 执行"编辑"|"隐藏"与"取消隐藏"命令，可以隐藏或显示辅助线，如图3-42与图3-43所示。也可以使用如图3-44所示的"删除参考线"菜单命令进行删除。

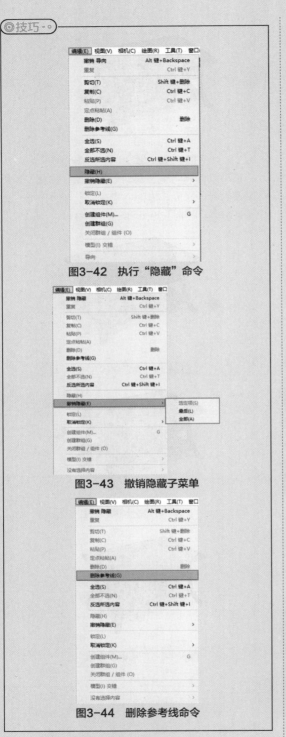

图3-42　执行"隐藏"命令

图3-43　撤销隐藏子菜单

图3-44　删除参考线命令

3. 全局缩放模型功能

"卷尺"工具全局缩放的功能在导入图像时用的比较多，进行全局缩放时将会在保证比例不变的情况下改变模型大小。

使用"卷尺"工具在选取的参考线段的两个端点上单击，并在"数值"输入框中输入缩放后线段的长度，按Enter键确定，此时将弹出如图3-45所示的提示对话框，单击"是"按钮，即可确定缩放。具体操作步骤会在后面实例进行详细描述，这里不再赘述。

图3-45　提示对话框

3.2.2　实例——全局缩放

下面通过实例介绍利用卷尺测量工具进行全局缩放的方法。

01 打开配套资源中的"3.2.2全局缩放.skp"素材文件，这是一个卧室模型，如图3-46所示。

图3-46　打开卧室模型

02 进入双人床组件，激活"卷尺"工具，测量双人床的宽度为980mm，与现实不符，如图3-47所示。

图3-47　测量双人床宽度

03 在量取点上单击，此时在"数值"输入框中输入正常双人床宽度1980mm，按Enter键确定，如图3-48所示。

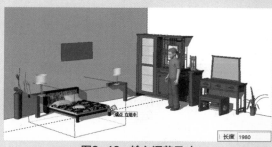

图3-48 输入调节尺寸

04 在弹出的提示对话框中单击"是"按钮，双人床将调整到正常尺寸，如图3-49与图3-50所示。

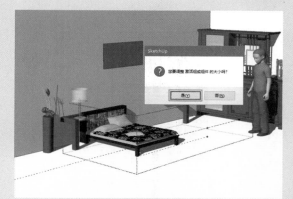

图3-49 提示对话框

图3-50 调整双人床尺寸效果

◎提示·○

全局缩放适用于整个模型场景，如果只想缩放一个物体，就要将物体创建群组，然后使用上述方法进行缩放。

3.2.3 尺寸和文字标注工具

在SketchUp中常常会出现需要标注说明图纸内容的情况，SketchUp提供了"尺寸标注"与"文字标注"两种标注工具。

1．设置标注样式

尺寸标注由"箭头""标注线"以及"标注文字"构成。执行"窗口"|"模型信息"命令，打开"模型信息"对话框，选择"尺寸"选项卡，设置样式参数，如图3-51与图3-52所示。

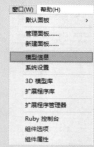

图3-51 执行"模型信息"命令

图3-52 选择"尺寸"选项卡

单击"文本"参数组中的"字体"按钮，可以打开如图3-53所示的"字体"对话框，在其中可以设置标注文字的"字体""字体样式""尺寸"，调整出不同的标注文字效果，如图3-54所示。

图3-53 "字体"对话框

图3-54 不同字体的标注效果

展开"引线"参数组中的"端点"下拉列表，可以选择"无""斜线""点""开放箭头""闭合箭头"五种标注端点效果，如图3-55所示。

选择"对齐尺寸线"选项，可以在下拉列表中切换"上方""居中""外部"三种方式，如图3-60所示，效果分别如图3-61～图3-63所示。

图3-55　"端点"下拉列表

默认设置下为如图3-54所示的"闭合箭头"样式，另外四种端点效果如图3-56与图3-57所示。

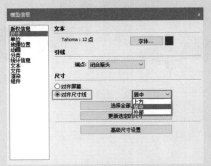

图3-60　三种对齐尺寸线的方式

图3-56　"无"与"斜线"　　图3-57　"点"与
端点效果　　　　　"开放箭头"端点效果

在"尺寸"参数组内，可以调整标注文字与尺寸线的位置关系，如图3-58所示。其中"对齐屏幕"选项的效果如图3-59所示，此时标注文字始终平行于屏幕。

图3-61　"上方"对齐效果

图3-62　"居中"对齐效果　　图3-63　"外部"对齐效果

图3-58　选择"对齐屏幕"选项

⊚提示·⊙

SketchUp系统默认选择"对齐屏幕"选项，这种标注效果在复杂的场景中较易观看。

2. 修改标注

SketchUp 2020改进了标注样式的修改方式。如果需要修改场景中所有标注，可以在设置标注样式参数后，单击"尺寸"参数组中的"选择全部尺寸"按钮进行统一修改。如果只需要修改部分标注，则可以通过单击"更新选定的尺寸"按钮进行部分更改，如图3-64所示。

图3-59　"对齐屏幕"的标注效果

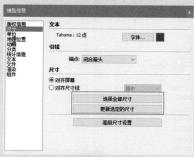

图3-64 选择修改标注的方式

技巧

如果是修改单个或几个标注,可以通过如图3-65与图3-66所示的右键菜单完成,此外双击标注文字可以直接修改文字内容,如图3-67所示。

图3-65 右键菜单

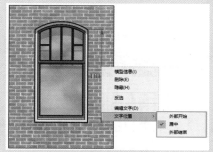

图3-66 右键子菜单

图3-67 双击修改文字内容

3. 尺寸标注

"尺寸"工具 适合标注的点包括端点、中点、边线上的点、交点,以及圆或圆弧的圆心,标注类型主要包括长度标注、半径标注和直径标注。单击"建筑施工"工具栏中的"尺寸"按钮 ,或执行"工具"|"尺寸"命令,均可启用该工具。

■ 长度标注

启用"尺寸"工具,将光标移动至模型边线的端点上,单击确定标注的引出点,如图3-68所示。

图3-68 确定标注引出点

将光标移动至模型边线另一个端点上,单击确定标注的结束点。向外移动光标,将标注展开到模型外部,以便于观看标注,如图3-69所示。

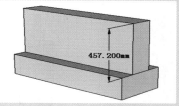

图3-69 长度标注完成

■ 半径标注

单击激活工具栏中的"尺寸"工具 ,在目标弧线上单击,确定标注对象,如图3-70所示。

图3-70 选择弧形边线

往任意方向拖动光标放置标注,确定位置后单击,即可完成半径标注,如图3-71所示。

图3-71 半径标注完成

■ 直径标注

单击激活工具栏中的"尺寸"工具，在目标圆边线上单击，确定标注对象，如图3-72所示。

往任意方向拖动光标放置标注，确定位置后单击，即可完成直径标注，如图3-73所示。

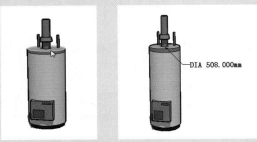

图3-72 选择圆边线   图3-73 直径标注完成

◎提示•∘

直径标注与半径标注可以互相切换。在直径标注上右击，在弹出的快捷菜单中选择"类型"|"半径"选项即可，如图3-74所示（半径转换为直径同理）。

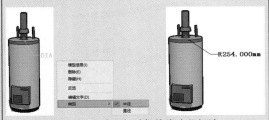

图3-74 直径标注切换为半径标注

4. 文字标注

在绘制设计图或施工图时，经常需要在图纸上进行详细说明，如设计思路、特殊做法和细部构造等内容，在SketchUp中通过"文字"工具在模型相应的位置插入文本标注。

通常情况下，文字标注有两种类型，分别为"系统标注"和"用户标注"。"系统标注"是指系统自动生成的与模型有关的信息文本，"用户标注"是指由用户自己输入的文字标注。

■ 系统标注

SketchUp中的文字标注可以直接对"面积""长度""定点坐标"进行文字标注，具体操作方法如下。

单击"建筑施工"工具栏中的"文字"按钮，或执行"工具"|"文字标注"命令，如图3-75所示，均可启用该工具。

图3-75 启用"文字"工具

启用"文字"工具，待光标变成后，将光标移至目标平面对象表面，如图3-76所示。

图3-76 选择标注表面

双击，在当前位置直接显示文字标注的内容，如图3-77所示。此外，还可以单击确定文字标注的端点位置，然后拖动光标到任意位置放置文字标注，再次单击确定，即可完成系统文字标注，如图3-78所示。

图3-77 双击标注效果

图3-78 单击拉出标注结果

■ 用户标注

用户在使用"文字"工具📝时，可以轻松地编写文字内容，具体操作方法如下。

启用"文字"工具，待光标变成📝时，将光标移动至目标平面对象表面，如图3-79所示。

图3-79 选择标注表面

单击确定文字标注的端点位置，然后拖动光标在任意位置放置文字标注，此时即可输入标注内容，如图3-80所示。

图3-80 输入标注内容

完成标注内容编写后，在空白位置单击或按两次Enter键确认，即可完成文字标注，如图3-81所示。

图3-81 材质标注完成

3.2.4 量角器工具

"量角器"工具📐具有角度测量和创建角度辅助线功能。单击"建筑施工"工具栏的"量角器"按钮📐，或执行"工具"|"量角器"命令，均可启用该工具。

1. 测量角度

启用"量角器"工具，待光标变成📐后，单击确定目标测量角的顶点，如图3-82所示。

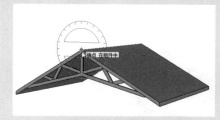

图3-82 确定测量顶点

拖动鼠标捕捉目标测量角任意一条边线，如图3-83所示，单击确定，然后捕捉到另一条边线单击确定，即可在"数值"输入框内观察到测量的角度，如图3-84所示。

图3-83 捕捉一条边线

图3-84 观察测量角度

2. 创建角度辅助线

与"卷尺工具"📏相似，"量角器"工具📐除了可以测量角度之外，还可以创建角度辅助虚线以方便作图。

使用"量角器"工具可以创建任意值的角度辅助线，具体的操作方法如下。

启用"量角器"工具，在目标位置单击确定顶点位置，如图3-85所示。

拖动鼠标创建角度起始线，如图3-86所示。在实际的工作中可以创建任意角度的斜线，以进行相对测量。

在"数值"输入框中输入角度数值，并按Enter键确定，即以起始线为参考，创建相对角度的辅助线，如图3-87所示。

图3-85　确定顶点位置

图3-86　确定起始线

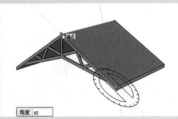

图3-87　绘制角度辅助线

◎提示·◎

通过"卷尺工具" 与"量角器"工具 创建的辅助线颜色可以通过执行"窗口"｜"默认面板"｜"样式"命令，在"样式"面板中的"编辑"选项卡中进行编辑，如图3-88所示。

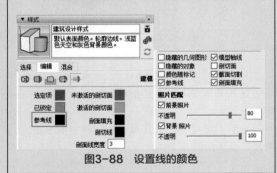

图3-88　设置线的颜色

3.2.5　轴工具

SketchUp和其他三维软件一样，都是通过轴进行位置定位，为了方便模型创建，SketchUp还可以自定义轴，方便用户在斜面上创建矩形物体，也可以更准确地缩放不在坐标轴平面上的物体。

单击"建筑施工"工具栏中的"轴"按钮，启用"轴"自定义功能，具体操作步骤如下。

启用"轴"工具，待光标变成 时，移动光标至放置新坐标系的原点处，如图3-89所示。

图3-89　确定新坐标原点

然后左右拖动鼠标，自定义轴X、Y的轴向，调整到目标方向后，单击确定即可，如图3-90与图3-91所示。

图3-90　确定红轴方向

图3-91　确定绿轴方向

确定X、Y的轴向后，系统会自动定义Z轴方向，在空白处单击，即可完成轴的自定义，如图3-92所示。

图3-92　定义轴的结果

中文版SketchUp草图绘制技术精粹（第2版）

78

3.2.6 三维文字工具

通过"三维文字"工具◢，可以快速创建三维或平面文字效果，该工具广泛应用于广告、logo、雕塑艺术字等。单击"建筑施工"工具栏中的"三维文字"按钮◢，或执行"工具"｜"三维文字"命令，即可启用该工具，具体操作步骤如下。

启用"三维文字"工具，弹出"放置三维文本"对话框，如图3-93所示。

在对话框中输入文字，还可以设置"字体""对齐""高度""形状"等参数，如图3-94所示。

图3-93 "放置三维文本"　　图3-94 调整参数
　　　　　 对话框

设置参数后，单击"放置"按钮，再移动光标到目标点处单击，即可创建三维文字，如图3-95所示。

图3-95 三维文字的效果

◎提示•◦

创建完成的三维文字默认为组件，如图3-96所示。如果不选择"填充"复选框，将无法挤压出文字厚度，所创建的文字将为线形，如图3-97所示；如果仅选择"填充"复选框，创建的文字则为平面，如图3-98所示。

图3-96 三维文字组件

图3-97 非填充/填充效果

◎提示•◦

图3-98 非挤压/挤压效果

3.2.7 实例——添加酒店名称

下面通过实例介绍利用三维文字工具给酒店添加名称的方法。

01 打开配套资源中的"3.2.7添加酒店名称.skp"素材文件，这是一个城市酒店模型，如图3-99所示。

图3-99 城市酒店模型

02 激活"三维文字"工具◢，在"放置三维文本"对话框中输入"花园国际酒店"，设置"字体""对齐""高度"等参数，如图3-100所示。

图3-100 输入"花园国际酒店"

03 再次打开"放置三维文本"对话框，输入英文，设置参数如图3-101所示。

图3-101 输入"Garden International Hotel"

04 将"花园国际酒店"放置在酒店入口处，文字放置在视图中后将自动成组，如图3-102所示。

图3-102　放置"花园国际酒店"

05 使用如图3-101所示的方法，在"花园国际酒店"下方放置"Garden International Hotel"，如图3-103所示。

图3-103　放置"Garden International Hotel"

06 利用"三维文字"工具为城市酒店创建招牌文字的效果如图3-104所示。

图3-104　最终效果

3.3 相机工具

SketchUp 2020将"相机"工具栏与"漫游"工具栏合并为"相机"工具栏，因此"相机"工具栏包含了9个工具，分别为"环绕观察"工具、"平移"工具、"缩放"工具、"缩放窗口"工具、"充满视窗"工具和"上一视图"工具、"定位相机"工具、"绕轴旋转"工具和"漫游"工具，如图3-105所示。

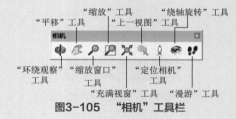

图3-105　"相机"工具栏

3.3.1 环绕观察工具

"环绕观察"工具可以使相机绕着模型旋转，默认快捷键为鼠标中间的滚轮。单击"相机"工具栏中的"环绕观察"按钮，或执行"相机"|"观察"命令，均可启用该工具。具体操作步骤如下。

启用"观察"命令，然后按住鼠标左键拖动旋转视图，或直接按住鼠标中间滚轮旋转视图，如图3-106所示。

图3-106　不同角度下视图的显示效果

◎提示·◦

在绘图区中任意一处双击鼠标中键，使坐标点位于视图中心。使用"环绕观察"工具✦时按住Ctrl键，会增加竖直方向转动的流畅性。

3.3.2　平移工具

"平移"工具🖑可以保持当前视图内模型显示的大小比例不变，整体拖动视图进行任意方向的调整，以观察到当前未显示在视窗内的模型。单击"相机"工具栏中的"平移"按钮🖑，或执行"相机"|"平移"命令，均可启用该工具。当视图中出现抓手图标时，拖曳鼠标即可进行视图的平移操作，如图3-107～图3-109所示。

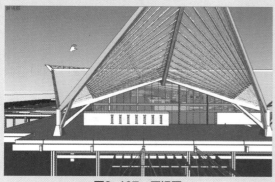

图3-107　原视图

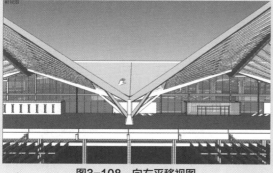

图3-108　向左平移视图

图3-109　向下平移视图

◎提示·◦

同时按住Shift+鼠标中键也可以进行平移。与"环绕视察"工具✦一样，"平移"工具🖑在激活状态下，在绘图区某处双击鼠标中键，可以使坐标点位于视图中心。

3.3.3　缩放工具

"缩放"工具用于调整模型在视图中的大小。单击"相机"工具栏中的"缩放"按钮🔍，按住鼠标左键不放，从屏幕下方往上方移动是扩大视图，从屏幕上方往下方移动是缩小视图，如图3-110～图3-112所示。

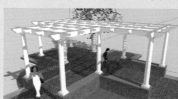

图3-110　显示原模型

图3-111　放大显示模型

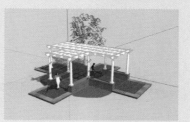

图3-112　缩小显示模型

中文版SketchUp草图绘制技术精粹（第2版）

1. 激活"缩放"工具 🔍 后，可以在"数值"输入框中输入数值调整视野角度。如输入45，按Enter键确定，表示将照相机的视角设置为45°，如图3-113所示。输入120，按Enter键确定，表示将视角设置为120°，如图3-114所示。

| 视野 | 45.00 度 |

图3-113　设置45°视角

| 视野 | 120.00 度 |

图3-114　设置120°视角

2. 除了"缩放"工具能进行缩放操作外，前后滚动鼠标滚轮也可以进行缩放操作。

3. 在模型中漫游时通常需要调整视野角度，激活"缩放"工具 🔍，按住Shift键，再上下拖动鼠标即可改变视野角度。

3.3.4　缩放窗口工具

"缩放窗口"工具 用于在视图中划定一个显示区域，位于区域内的模型将在视图内最大化显示。

单击"相机"工具栏中的"缩放窗口"按钮，然后按住鼠标左键，绘制一个矩形区域后松开鼠标左键，则选框内的图形会充满视窗，如图3-115～图3-117所示。

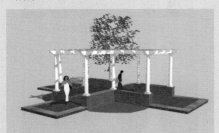

图3-115　原模型显示效果

图3-116　绘制矩形区域

图3-117　窗口缩放效果

3.3.5　充满视窗工具

"充满视窗"工具可以快速将场景中所有可见模型以屏幕的中心为中心进行最大化显示。其操作步骤非常简单，直接单击"相机"工具栏中的"充满视窗"按钮 即可，如图3-118与图3-119所示。

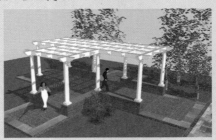

图3-118　原视图

图3-119　充满视窗显示模型

3.3.6　上一视图工具

在进行视图操作时，难免出现误操作，单击"相机"工具栏中的"上一个"按钮，可以进行视图的撤销与返回，如图3-120～图3-122所示。

图3-120　主视图

图3-121　返回上一视图

图3-122　返回主视图

◎提示·◦

　　"上一视图"默认快捷键为F8，如果需要撤销或返回多个操作步骤，连续单击对应按钮即可。

3.3.7　定位相机工具

　　"定位相机"工具用于在指定的视点高度观察场景中的模型。在视图中单击即可获得与人的视角大致持平的观察效果，通过拖动鼠标可以精确地调整相机位置。

　　单击"定位相机"按钮 ⚲，或执行"相机"|"定位相机"命令，均可启用该工具。"定位相机"工具有两种不同的使用方法，具体操作步骤如下。

　　1. 单击

　　这个方法使用的是当前的视点方向，通过单击将相机放置在拾取的位置上，并设置相机高度为通常的视点高度。如果用户只需要人眼视角的视图，可以使用这种方法。

　　系统默认高度距离为1676.4mm，在视图中的某处单击后可以确定相机的新高度，即眼睛高度，如图3-123与图3-124所示。

图3-123　移动相机至目标放置点

图3-124　移动相机后的效果

　　2. 单击并拖动

　　这个方法可以更准确地定位照相机的位置和视线。激活"定位相机"工具，按住鼠标左键不放确定相机（人眼）所在的位置，然后拖动光标到要观察的点再松开鼠标左键，如图3-125与图3-126所示。

图3-125　拖动光标至观察点

图3-126　松开鼠标左键后的效果

◎提示·◦

　　先使用"卷尺"工具 ⚲和在"数值"输入框中设置参数来放置辅助线，这样有助于更精确地放置相机。照相机放置完成后，会自动激活"环绕观察"工具 ⚲，可以从该点向四处观察。此时也可以再次输入不同的视点高度来进行调整。

3.3.8　绕轴旋转工具

　　"绕轴旋转"工具使相机以自身为固定点，旋转观察模型。此工具在观察模型的内部空间时极为重要，可以在放置相机后用来观察模型的显示效果。

　　单击"绕轴旋转"按钮 ⚲或执行"相机"|"绕轴旋转"命令，均可执行该工具，具体操作步骤如下。

　　激活"绕轴旋转"工具，在绘图窗口中按住鼠标左键并拖动，即可旋转观察模型。使用"绕轴旋转"工具时，可以在"数值"输入框中输入一个数值，来设置视点高度。

⊙提示·⊙

"旋转"工具 🔄 与"绕轴旋转"工具 🔄 的关系。

区别："旋转"工具进行旋转查看时以模型为中心点，相当于人绕着模型查看。"绕轴旋转"工具以视点为轴，相当于站在视点不动，眼睛左右旋转查看，如图3-127与图3-128所示。

图3-127　向左旋转视角

图3-128　向右旋转视角

联系：通常情况下，按住鼠标中键可以激活"旋转"工具。但是在使用"漫游"工具的过程中，鼠标中键却会激活"绕轴旋转"工具。

3.3.9　漫游工具

"漫游"工具可以像散步一样观察模型，还可以固定视线高度后再在模型中漫步。只有在激活透视模式的情况下，"漫游"工具才有效。单击"漫游"按钮👣，或执行"相机"|"漫游"命令，均可启用该工具。

激活"漫游"工具后光标变成👣状，此时通过按住鼠标左键不放并配合按Ctrl键与Shift键，即可完成前进、上移、加速、转向等漫游动作。具体操作步骤如下。

启用"漫游"工具，光标变成👣状，如图3-129所示。在视图内按住鼠标左键向前推动相机，即可产生前进的效果，如图3-130所示。

按住Shift键上、下移动鼠标，则可以升高或降低相机视点，如图3-131与图3-132所示。

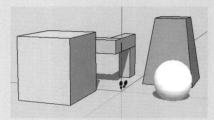

图3-129　启用漫游工具

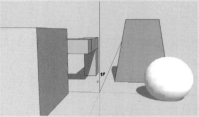

图3-130　向前漫游

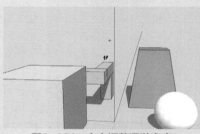

图3-131　向上调整漫游高度

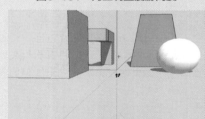

图3-132　向下调整漫游高度

如果按住Ctrl键推动鼠标，则会产生加速前进的效果，如图3-133所示。

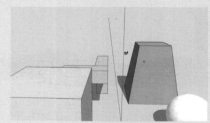

图3-133　加快漫游速度

按住鼠标左键左右移动光标，则可以产生转向的效果，如图3-134所示。接下来通过一个漫游实例，掌握"漫游"工具的使用与SketchUp中场景动画的制作与输出。

图3-134　改变漫游方向

3.3.10　实例——漫游博物馆

下面通过实例介绍利用漫游工具在博物馆外漫游的方法。

01 打开配套资源中的 "3.2.10漫游博物馆.skp" 素材文件，如图3-135所示，这是一幢博物馆模型。

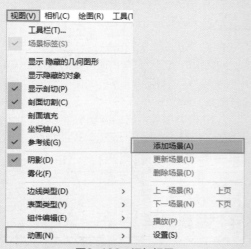

图3-135　打开模型

02 为了避免操作失误，造成相机视角无法返回，首先添加一个场景，如图3-136所示。

图3-137　向前漫游

04 按住鼠标中键，拖动鼠标光标调整视线方向，此时鼠标光标将由 👣 变为 👁，如图3-138所示。转到如图3-139所示的画面时，松开鼠标并添加一个场景，以保存当前设置完成的漫游效果。

图3-138　漫游转向位置

图3-139　添加新的场景

05 按Esc键取消视线方向，光标由 👁 变回 👣 状态，此时便可开始在别墅外自由漫步。再次按住鼠标左键向前推动一段较小的距离，然后往右移动鼠标，使画面向右转向，如图3-140所示。

视图(V)　相机(C)　绘图(R)　工具(T

　　工具栏(T)...
✓　场景标签(S)

　　显示 隐藏的几何图形
　　显示隐藏的对象
✓　显示剖切(P)
✓　剖面切割(C)
　　剖面填充
✓　坐标轴(A)
✓　参考线(G)

✓　阴影(D)
　　雾化(F)

　　边线类型(D)　　　＞
　　表面类型(Y)　　　＞
　　组件编辑(E)　　　＞

　　动画(N)　　　　　＞

　　　　　　　　添加场景(A)
　　　　　　　　更新场景(U)
　　　　　　　　删除场景(D)

　　　　　　　　上一场景(R)　　上页
　　　　　　　　下一场景(N)　　下页

　　　　　　　　播放(P)
　　　　　　　　设置(S)

图3-136　添加场景

03 启用"漫游"工具，待光标变成 👣 状后，按住鼠标左键推动使其前进，如图3-137所示。

图3-140　再次转向

06 转动至如图3-141所示的画面时再次松开鼠标，然后添加场景3。

图3-141　添加场景3

07 按住鼠标左键向前一直推动到庭院石笼灯处，完成漫游设置，如图3-142所示，然后添加场景4。

图3-142　漫游完成的位置

08 漫游设置完成后，可以通过右键关联菜单单击场景名称，在菜单中选择"播放动画"选项，或执行"视图"|"动画"|"播放"命令进行播放，如图3-143与图3-144所示。

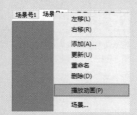

图3-143　选择"播放动画"选项

图3-144　执行"播放"命令

09 默认的参数设置下动画播放效果通常速度过快，此时可以执行"视图"|"动画"|"设置"命令，如图3-145所示，进入"模型信息"对话框中的"动画"选项卡进行参数调整，如图3-146所示。

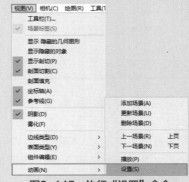

图3-145　执行"设置"命令

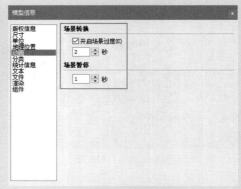

图3-146　设置动画参数

◎提示·◦

　　1. 在"动画"选项卡中，"场景转换"下的时间设定值为每个场景内所设置的漫游动作完成的时间，"场景暂停"下的时间则为场景之间进行衔接的停顿时间。

　　2. 在漫游过程中若触碰到墙壁，光标会显示为▨，表示无法通过，此时按住Alt键即可穿过墙壁，继续前行。

3.4　截面工具

　　为了准确表达建筑物内部的结构关系，通常需要绘制平面图、立面图及剖面图。在SketchUp中，运用"截面"工具可以快速获得当前场景模型的平面图、立面图与剖面图。还可以对模型内部进行观察和编辑，展示模型内部的空间关系。

"截面"工具栏包括"剖切面"工具、"显示剖切面"工具、"显示剖面切割"工具和"显示剖面填充"工具，如图3-147所示。

"显示剖切面"工具　"显示剖面切割"工具

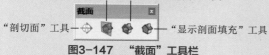

"剖切面"工具 ⊕ ——————— "显示剖面填充"工具

图3-147 "截面"工具栏

"剖切面"工具 ⊕：用于创建新剖面。

"显示剖切面"工具 ：用于在剖面视图和完整模型视图之间进行切换。

"显示剖面切割"工具 ：用于快速显示和隐藏所有的剖切面。

"显示剖面填充"工具 ：用于显示剖面的填充图案。

3.4.1 创建截面

打开场景模型，如图3-148所示。执行"视图"|"工具栏"命令，在弹出的"工具栏"对话框中选择"截面"工具栏，如图3-149所示。

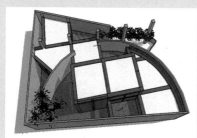

图3-148 打开场景模型

图3-149 选择"截面"工具栏

在"截面"工具栏中单击"剖切面"按钮 ⊕，在场景中拖动鼠标即可创建截面，如图3-150所示。

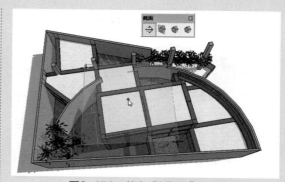

图3-150 单击"剖切面"按钮

◎提示·◎

截面创建完成后，将自动调整到与当前模型面积大小接近的形状，如图3-151所示。

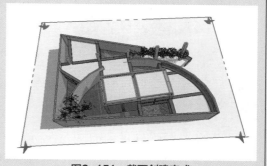

图3-151 截面创建完成

3.4.2 编辑截面

1. 移动和旋转截面

和其他实体一样，使用"移动"工具和"旋转"工具可以对剖面进行移动和旋转，以得到不同的截面效果，如图3-152～图3-154所示。

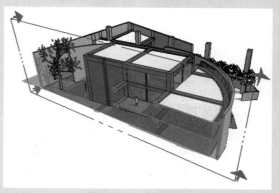

图3-152 当前截面

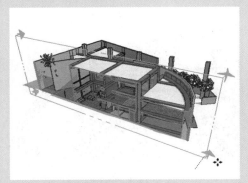

图3-153　移动截面效果

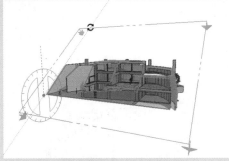

图3-154　旋转截面效果

2. 隐藏和显示截面

创建截面并调整完成位置后，单击"截面"工具栏中的"显示剖切面"按钮，即可将截面隐藏而保留截面效果，如图3-155～图3-157所示。再次单击"显示剖切面"按钮，又可重新显示之前隐藏的截面。

图3-155　当前截面

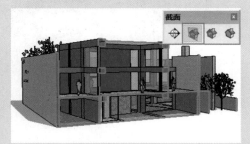

图3-156　隐藏截面

图3-157　显示截面

此外，在截面上右击，在弹出的快捷菜单中选择"隐藏"选项，可以隐藏截面，如图3-158与图3-159所示。执行"编辑"｜"撤销隐藏"｜"全部"命令，如图3-160所示，可以重新显示隐藏的截面。

图3-158　当前截面

图3-159　选择"隐藏"选项

图3-160　执行"全部"命令

3．翻转截面

在截面上右击，在弹出的快捷菜单中选择"翻转"选项，可以翻转截面的方向，如图3-161～图3-163所示。

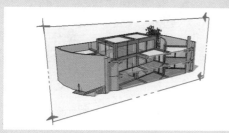

图3-161　当前截面

图3-162　选择"翻转"选项

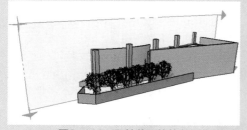

图3-163　翻转截面的效果

4．激活与冻结截面

在截面上右击，在弹出的快捷菜单中选择"显示剖切"选项，可以使截面的显示效果暂时失效，如图3-164～图3-166所示。再次选择该项，即可恢复截面效果。

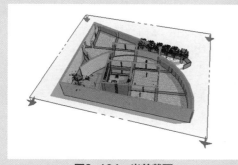

图3-164　当前截面

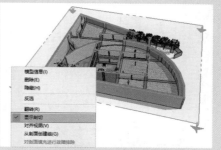

图3-165　选择"显示剖切"选项

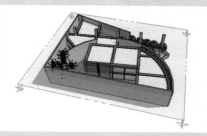

图3-166　截面的显示效果暂时失效

◎技巧•◦

在"截面"工具栏中单击"显示剖面切割"按钮 ，或在截面上直接双击鼠标右键，可以快速进行激活与冻结。

5．将截面对齐到视口

在截面上右击，在弹出的快捷菜单中选择"对齐视图"选项，可以将视图自动对齐到截面的投影视图，如图3-167与图3-168所示。

图3-167　选择"对齐视图"选项

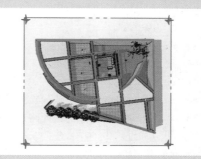

图3-168　默认显示透视效果

默认设置下SketchUp为透视显示，因此只有在执行"相机"｜"平行投影"命令后，才能产生绝对的正投影视图效果，如图3-169所示。

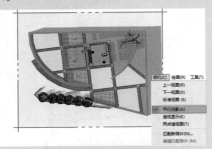

图3-169　显示平行投影效果

6. 从剖面创建组

在截面上右击，在弹出的快捷菜单中选择"从剖面创建组"选项，如图3-170所示，可以在截面位置产生单独截面线的效果，并能进行移动、拉伸等操作，如图3-171所示。

图3-170　选择"从剖面创建组"选项

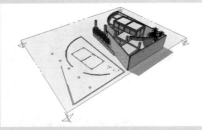

图3-171　移动截面线实体

7. 创建多个截面

在SketchUp中，允许创建多个截面，如图3-172所示，在模型的侧面创建截面，可以观察到模型的立面剖切效果。

需要注意的是，SketchUp默认只支持其中一个截面产生作用，即最后创建的截面将产生截面效果。此时可以通过右击，在弹出的快捷菜单中选择"显示剖切"选项，即可切换截面效果，如图3-173所示。

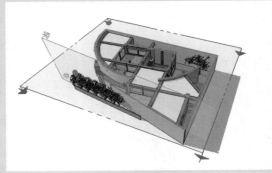

图3-172　在侧面创建截面

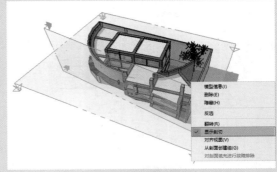

图3-173　选择"显示剖切"选项

8. 导出剖面

SketchUp中的剖面主要由两种方法导出。

（1）导出二维光栅图像。

将剖切视图导出为光栅图像文件，只要模型视图中含有激活的剖切面，任何光栅图像导出都会包括剖切效果，如图3-174所示。

图3-174　导出二维光栅图像

（2）导出二维矢量的剖切面。

SketchUp可将激活的剖切面导出为DWG或DXF格式的文件，这两种格式的文件可以直接应用于AutoCAD中，如图3-175所示。

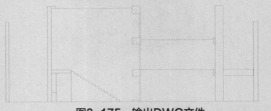

图3-175　输出DWG文件

3.4.3 实例——导出室内剖面

下面通过实例介绍利用截面工具导出室内剖面图的方法。

01 打开配套资源中的"3.4.3导出室内剖面.skp"素材文件，执行"文件"｜"导出"｜"剖面"命令，如图3-176所示。

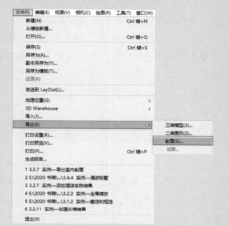

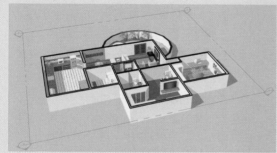

图3-176 执行"剖面"命令

02 在弹出的"输出二维剖面"对话框中设置参数，设置文件名称和保存路径，并将文件类型设置为"AutoCAD DWG File（*.dwg）"格式，如图3-177所示。

图3-177 "输出二维剖面"对话框

03 在"输出二维剖面"对话框中单击"选项"按钮，在弹出的"DWG/DWF输出选项"对话框中设置参数，如图3-178所示。

图3-178 "DWG/DWF输出选项"对话框

04 设置完成后单击"好"按钮并返回"输出二维剖面"对话框，然后单击"导出"按钮，完成场景中剖面的导出，如图3-179所示。

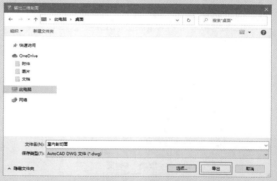

图3-179 单击"导出"按钮

05 将导出的文件在AutoCAD中打开，如图3-180所示。

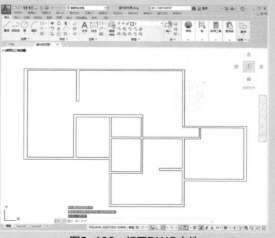

图3-180 打开DWG文件

"DWG/DWF输出选项"对话框介绍如下。

- 足尺剖面（正交）：选择此项，将导出剖切面的正视图。
- 屏幕投影：选择此项，将导出当前所看到的透视角度的剖面视图。
- 图纸比例与大小：表示实际尺寸（1：1）按真实尺寸导出。
- 宽度与高度：用于定义导出图像的高度和宽度，可以取消选择"全尺寸"选项，对"宽度"和"高度"两个选项的数值进行控制。
- 剖切线："无"指轮廓线将与其他线条一样按照标准线宽导出。"有宽度的折线"指导出的轮廓线为多段线实体。"宽线图元"指导出的轮廓线为宽线段，只有在导出AutoCAD 2000或以上版本才可以选择该项。在右侧的"宽度"选项设置线宽。
- 始终提示剖面选项：选择此项，每次导出DWG/DXF文件时都会自动打开选项对话框，若不选择此项则默认与上次导出设置保持一致。

在SketchUp中可以对剖面相关参数进行设置。

通过执行"窗口"|"默认面板"|"样式"命令打开"样式"面板，在"编辑"选项卡中单击"建模设置"按钮，如图3-181所示。

图3-181　单击"建模设置"按钮

未激活的剖切：用于设置未激活剖面的颜色，通过单击右侧的色块■打开"选择颜色"对话框，在其中对颜色进行调整，如图3-182所示。

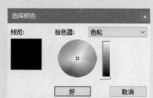

图3-182　"选择颜色"对话框

激活的剖切面：用于设置已激活剖面的颜色，也可单击右侧色块■打开"选择颜色"对话框对颜色进行调整。

剖面填充：用于设置剖面填充的颜色，可单击右侧色块■打开"选择颜色"对话框进行调整。

剖切线：用于设置剖切线的颜色，可单击右侧色块■打开"选择颜色"对话框对颜色进行调整。

剖切线宽：用于设置剖切线的宽度，单位为像素。

3.5　视图工具

在使用SketchUp进行方案推敲的过程中，会经常需要切换不同的视图模式，以确定模型创建的位置或观察当前模型的细节效果，因此熟练操控视图是掌握SketchUp其他功能的前提。本小节主要介绍通过"视图"工具栏查看模型的方法。

3.5.1　在视图中查看模型

"视图"工具栏主要用于将当前视图快速切换为不同的视图模式，如图3-183所示，从左至右分别为：等轴视图、俯视图、前视图、后视图、右视图和左视图。

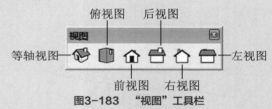

图3-183　"视图"工具栏

在建立三维模型时，平面视图（俯视图）通常用于模型的定位与轮廓的制作，各个立面图用于创建对应立面的细节，透视图用于整体模型的特征与比例的观察与调整。

为了能快捷、准确地绘制三维模型，应该多加练习，以熟练掌握各个视图的作用。单击某个视图按钮即可切换至相应的视图，如图3-184～图3-189所示为景观亭的6个标准视图模式。

图3-184　等轴视图

图3-185　俯视图

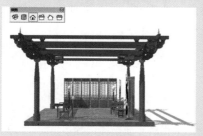

图3-186　前视图

图3-187　右视图

图3-188　后视图

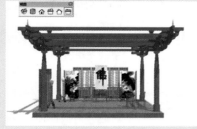

图3-189　左视图

3.5.2　透视模式

透视模式是模拟眼睛观察物体和空间的三维尺度的效果。透视模式可以通过在"相机"菜单中选择"透视显示"选项，或者在"视图"工具栏中单击"等轴"按钮进行激活，如图3-190所示。

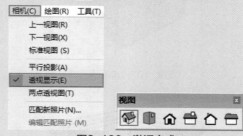

图3-190　激活方式

切换到透视模式时，相当于从三维空间的某一点来观察模型。所有的平行线会相交于屏幕上的同一个消失点，物体沿一定的放射角度收缩和变短。如图3-191所示为透视模式下的景观亭平行线的显示效果。

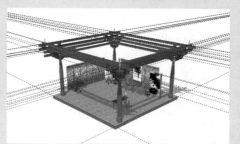

图3-191　平行线

◎提示·◎

1. 在视图中的模型不止有一个透视模式，透视效果会随着当前场景的视角而发生相应变化，如图3-192～图3-194所示为在不同视角时激活透视模式的效果。

图3-192　正面透视

◎提示·

图3-193　侧面透视

图3-194　背面透视

2. SketchUp的透视模式即为三点透视状态，当视线水平时，就能获得两点透视。

两点透视的设置可以通过放置相机使得视线水平，也可以通过执行"相机"|"两点透视图"命令，将视图切换为两点透视模式。

两点透视模式下模型的平行线会消失于远处的灭点，显示的物体会变形，如图3-195所示。

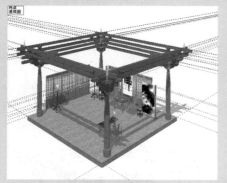

图3-195　两点透视模式

3.5.3　等轴模式

等轴投影图是模拟三维物体沿特定角度产生的平行投影图，其实只是三维物体的二维投影图。

等轴模式可以通过执行"相机"|"平行投影"命令激活，如图3-196所示。

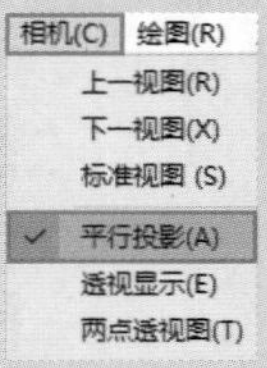

在等轴模式下，有三个可见面。如果用一个正方体来表示一个三维坐标系，那么在等轴视图中，这个正方体只有三个面可见，如图3-197所示。

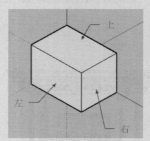

图3-196　激活方式

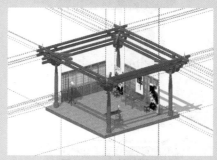

图3-197　可见面

这三个面的平面坐标系各不相同，因此，在绘制等轴图时，首先要在左、上、右三个面中选择一个设置为当前面。

◎提示·

SketchUp默认设置为"透视显示"，因此所得到的平面与立面视图都非绝对的投影效果，执行"平行投影"命令可得到绝对的投影视图。

在等轴模式中，物体的投影不像在透视图中有消失点，但是所有的平行线在屏幕上仍显示为平行，如图3-198所示。

图3-198　等轴模式

3.6　样式工具

SketchUp是一款直接面向设计的软件，提供了很多种对象显示模式以满足设计方案的表达需求，让用户能够更好地理解设计意图。

在"样式"工具栏中，可以快速切换不同的视图显示效果，如图3-199所示。"样式"工具栏有7种显示样式，同时又分为两部分，一部分为"X光透视模式" 和"后边线"样式，另一部分为"线框显示"、"消隐"、"阴影"、"材质贴图"和"单色显示"样式。前部分不能脱离后部分单独存在。

图3-199　"样式"工具栏

3.6.1　X光透视模式

在进行室内或建筑等设计时，有时需要直接观察室内构件以及配饰等效果，如图3-200所示为X光透视模式与显示阴影的效果，此模式下模型中所有的面都呈透明显示，不用进行任何模型的隐藏，即可对内部效果一览无余。

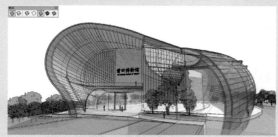

图3-200　X光透视模式

3.6.2　后边线模式

后边线模式是一种附加的显示模式，单击该按钮可以在当前显示效果的基础上以虚线的形式显示模型背面无法被观察到的线条，如图3-201所示为后边线模式与消隐模式的显示效果。

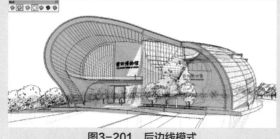

图3-201　后边线模式

3.6.3　线框显示模式

线框显示模式是SketchUp中最节省系统资源的显示模式，其效果如图3-202所示。在该显示模式下，场景中所有对象均以实线条显示，材质、贴图等效果也将暂时失效。

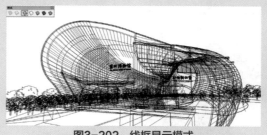

图3-202　线框显示模式

3.6.4　消隐模式

消隐模式将仅显示场景中可见的模型面，此时大部分的材质与贴图会暂时失效，仅在视图中体现实体与透明的材质区别，因此是一种比较节省资源的显示方式，如图3-203所示。

图3-203　消隐模式

3.6.5　阴影模式

阴影模式是一种介于消隐模式与材质贴图模式之间的显示模式，该模式在可见模型面的基础上，根据场景已经赋予的材质，自动在模型面上生成相近的色彩，如图3-204所示。在该模式下，实体与透明的材质区别也有所体现，因此显示的模型空间感比较强烈。

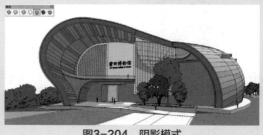

图3-204　阴影模式

○技巧

如果场景模型没有指定任何材质，则在阴影模式下模型仅以黄、蓝两色表明模型的正反面。

3.7 课后练习

3.6.6 材质贴图模式

材质贴图模式是SketchUp中最全面的显示模式，该模式下材质的颜色、纹理及透明效果都将得到完整的体现，如图3-205所示。

图3-205　材质贴图模式

○技巧

材质贴图模式十分占用系统资源，因此该模式通常用于观察材质以及模型整体效果，在建立模型、旋转、平移视图等操作时，则应尽量使用其他模式，以避免卡屏、迟滞等现象。此外，如果场景中模型没有赋予任何材质，该模式将无法应用。

3.6.7 单色显示模式

单色显示模式是一种在建模过程中经常使用到的显示模式，该种模式用纯色显示场景中的可见模型面，以黑色实线显示模型的轮廓线，在较少占用系统资源的前提下，有十分强的空间立体感，如图3-206所示。

图3-206　单色显示模式

3.7.1 编辑铅笔

本小节通过"三维文字"工具、"擦除"工具、"环绕观察"工具、"缩放窗口"工具，为铅笔添加文字和删除多余线条，如图3-207所示。

图3-207　铅笔模型

提示步骤如下。

01 启用"相机"工具栏中的"环绕观察"工具，将视图转换至合适视角，如图3-208所示。

图3-208　转换视角

02 双击进入铅笔组件，激活"三维文字"工具，在铅笔上方添加"中华铅笔（2B）"文字，如图3-209所示。

图3-209　添加三维文字

03 启用"相机"工具栏中的"缩放窗口"工具
🔍，放大铅笔屑，方便下一步操作，如图3-210
所示。

图3-210　放大铅笔屑

04 激活"擦除"工具🖋，将铅笔屑上多余的线
段删除掉，如图3-211所示。

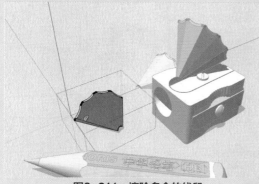

图3-211　擦除多余的线段

3.7.2　标注办公室桌

　　本小节通过"剖切面"工具⊕、"尺寸标注"
工具⚲标注办公室桌，如图3-212所示，加强命令的
练习。

图3-212　办公室桌模型

　　提示步骤如下。

01 在"截面"工具栏中单击"剖切面"按钮⊕，并
拖动剖切面至合适位置，如图3-213与图3-214
所示。

图3-213　创建截面

图3-214　截面创建完成

02 在"相机"工具栏中单击"尺寸标注"工具
⚲，标注办公室桌长、宽、高，如图3-215与
图3-216所示。

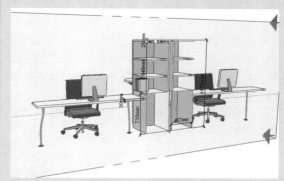

图3-215　确定标注端点

图3-216　标注完成

第4章
SketchUp绘图管理工具

SketchUp中的绘图管理工具可以对场景中的绘图工具以及图元进行管理和设置。正确运用SketchUp绘图管理工具，可以大大提高工作效率。

4.1 样式设置

SketchUp提供了多种显示风格，主要通过"样式"编辑器进行设置，执行"窗口"|"默认面板"|"样式"命令，可打开"样式"面板进行样式设置。

4.1.1 "样式"面板

"样式"面板中包含背景、天空、边线和表面的显示效果等方面的设置，通过选择不同的显示风格，可以让用户的图纸表达更具艺术感，体现强烈的独特个性。

"样式"面板主要包括"选择""编辑""混合"三个选项卡，如图4-1所示。

1. "选择"选项卡

"选择"选项卡主要用于设置场景模型的风格样式，SketchUp默认提供了如图4-2所示的七种风格，每一种风格中又有不同的显示样式，用户可以通过单击缩略图将其应用于场景中。

图4-1 "样式"面板　　图4-2 风格类型列表

如图4-3～图4-9所示为某些风格的显示效果。

图4-3 带框的染色边线

图4-4 典型的带端点抖动效果

图4-5 水彩纸和铅笔

图4-6 反转照片建模样式

图4-7 直线01像素模式

图4-8 3D打印样式

图4-9 00预设颜色

◎提示·○

若没有适合自己的模板,则可以自行在对天空背景进行调整后,执行"文件"|"另存为模板"命令,如图4-10所示,即可对自己设定的模板进行保存。再次使用SketchUp时,在向导界面"模板"选项中选择自己设置的模板即可。

◎提示·○

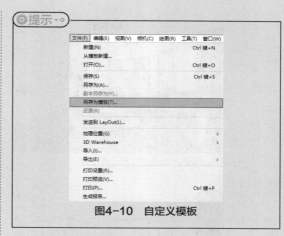

图4-10 自定义模板

2. "编辑"选项卡

"编辑"选项卡包括"边线设置"、"平面设置"、"背景设置"、"水印设置"和"建模设置"5个类型,如图4-11所示,可以对场景模型的显示进行设置。

■ 边线设置

用于控制几何体边线的显示、隐藏、粗细以及颜色,如图4-12所示,可进行更加丰富的边界线类型与效果的设置。

图4-11 "编辑"选项卡　图4-12 边线设置面板

边线样式主要包括边线、后边线、轮廓线、深粗线、出头、端点、抖动和短横,如图4-13~图4-20所示。

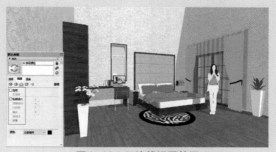

图4-13 无边线设置效果

第 4 章　SketchUp绘图管理工具

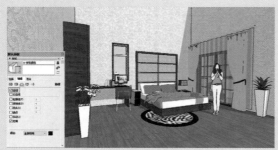

图4-14　显示边线效果

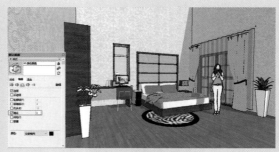

图4-19　端点效果

图4-15　后边线效果

图4-20　抖动效果

短横：选择"抖动"样式后，图形的边线显示为不规则的手绘线效果。此时再选择"短横"选项，可以使得手绘线边界变得整齐。

颜色：该选项可以控制边线的颜色，包含了三种颜色显示样式。在SketchUp中默认边线颜色为黑色，单击下拉菜单右侧色块■可进入"选择颜色"对话框，设置边线的颜色，如图4-21所示。

图4-16　轮廓线效果

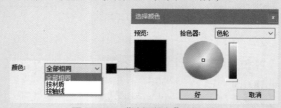

图4-21　"选择颜色"对话框

■　平面设置

平面设置包含了6种面的显示模式，分别是"以线框模式显示" 、"以隐藏线模式显示" 、"以阴影模式显示" 、"使用纹理显示阴影" 、"使用相同的选项显示有着色显示的内容" 、"以X光透视模式显示" ，如图4-22所示。另外，在其中还可以修改材质的正面（前景）颜色和背面（背景）颜色，如图4-23所示。

图4-17　深粗线效果

图4-18　出头效果

图4-22　显示模式

中文版SketchUp草图绘制技术精粹（第2版）

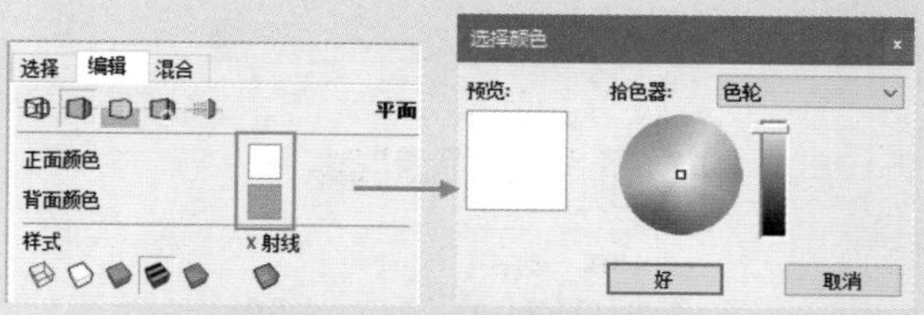

图4-23　设置正面/背面颜色

■　背景设置

在SketchUp中，用户可以在背景中展示一个模拟大气效果的渐变天空和地面，以及显示地平线，如图4-24所示。

背景的效果可以在"样式"面板中设置，只需在"编辑"选项卡中单击"背景设置"按钮 □，即可对背景颜色、天空和地面进行设置，如图4-25所示。

图4-24　渐变天空和地面　　图4-25　设置背景参数

"透明度"滑块：移动滑块，可以显示不同透明等级的渐变地面效果，让用户可以看到地面以下的几何体。建议在使用硬件渲染加速的条件下使用该滑块。

从下面显示地面：选择该选项后，当相机镜头从地平面下方冲上时，可以看到渐变的地面效果。

■　水印设置

水印设置可以在模型周围放置2D图像，用来创造背景，或者在带纹理的表面上模拟绘画的效果。"水印"设置参数如图4-26所示。

"添加/删除水印"按钮 ⊕ ⊖：单击 ⊕ 按钮，可选择二维图像作为水印图片添加在场景模型中。选择不需要的水印图像，单击

图4-26　设置水印

⊖ 按钮将其删除。

"编辑水印设置"按钮 ✿：用于控制水印的透明度、位置、大小和纹理排布。

"上移/下移水印"按钮 ↕：用于调整水印图像在场景模型中的位置，作为前景或者背景。

■　建模设置

用于对选定模型物体的颜色、已锁定的模型物体的颜色、剖切面颜色等属性进行修改。如图4-27所示为建模设置参数，前面章节已做详解，这里不再赘述。

3.　"混合"选项卡

如图4-28所示为"混合"选项卡。主要用于对场景设置混合风格，可以为同一场景设置以多种不同风格。

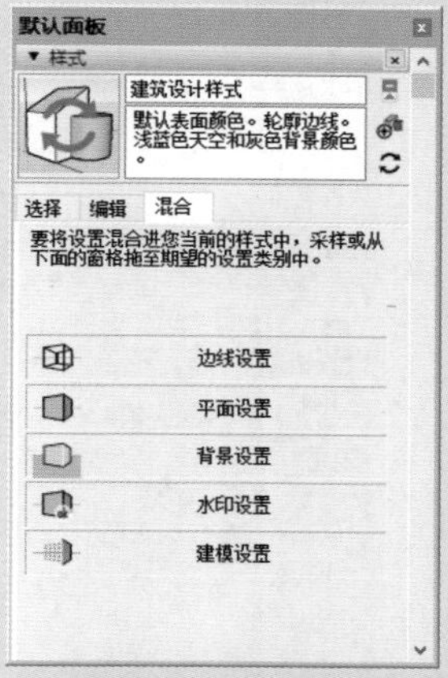

图4-27　建模设置参数　　图4-28　"混合"选项卡

4.1.2　实例——设置车房背景

下面通过实例介绍样式管理器中设置背景的方法。

01 打开配套资源中的"4.1.2设置车房背景.skp"素材文件，这是一个别墅模型，如图4-29所示。

图4-29　别墅模型

02 执行"窗口"|"默认面板"|"样式"命令，弹出"样式"面板，选择"编辑"选项卡，如图4-30所示。

03 设置背景。取消"天空"和"地面"选项的勾选，然后单击"背景"选项右侧的色块 ，在弹出的"选择颜色"对话框中调整背景颜色，单击"好"按钮，即可改变场景中的背景颜色，如图4-31所示。

04 设置天空。勾选"天空"选项后，场景中将显示渐变的天空效果。可以通过单击"天空"选项右侧的色块 ，进入"选择颜色"对话框调整天空的颜色，选择的颜色将自动应用渐变，如图4-32所示。

图4-30 "样式"面板

图4-31 设置背景

图4-32 设置天空

05 设置地面。勾选"地面"选项后，背景颜色会自动被天空和地面的颜色所覆盖，单击该选项右侧的色块 ，进入"选择颜色"对话框，调整颜色后单击"好"按钮，此时地面颜色从地平线开始向下显示指定的颜色，如图4-33所示。

图4-33 设置地面

4.2 标记设置

SketchUp 2020将原来的"图层"工具改名为"标记"工具，但是保留了大部分的参数设置。"标记"是一个强有力的模型管理工具，可以对场景中的模型进行有效归类，以方便控制颜色与显示状态。本节将为大家详细讲解"标记"工具的相关知识，包括标记的建立、显隐以及属性的修改等。

4.2.1 "标记"工具栏

"标记"工具栏主要用于直观地查看场景模型中的标记情况，并方便选择当前标记。

执行"视图"|"工具栏"命令或在工具栏中右击，在弹出的快捷菜单中勾选"标记"选项，如图4-34所示，弹出如图4-35所示的"标记"工具栏。

图4-34 勾选"标记"工具栏

单击"标记"工具栏右侧的按钮，展开如图4-36所示的标记列表，会出现场景中所有的标记，单击即可选择当前标记。

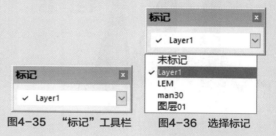

图4-35 "标记"工具栏　　图4-36 选择标记

4.2.2 标记管理

"标记"面板用于查看和编辑模型中的标记，还可以设置模型中所有标记的颜色和可见性。执行"窗口"|"默认面板"|"标记"命令，打开"标记"面板，如图4-37与图4-38所示。

图4-37 执行"标记"命令　　图4-38 "标记"面板

1. 标记的显示与隐藏

01 该场景由人、支架、锥形装饰组成，如图4-39所示。

图4-39 打开场景模型

02 打开"标记"面板，可以发现当前场景已经创建了"man30""人""支架"及"锥形装饰"标记，如图4-40所示。

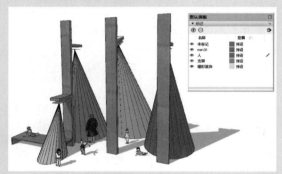

图4-40 打开"标记"面板

1. 单击"标记"面板右侧的"详细信息"按钮▸，选择"颜色随标记"选项，可以使同一标记的所有对象均以标记颜色显示，从而快速区分各个标记中的模型对象，如图4-41与图4-42所示。

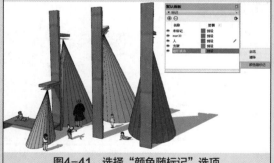

图4-41 选择"颜色随标记"选项

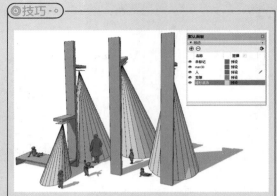

图4-42 标记颜色显示效果

2. 单击"标记"面板的"颜色"色块，可以修改标记的颜色，如图4-43与图4-44所示。

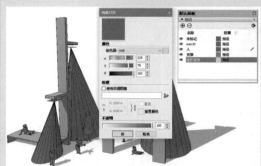

图4-43 更改标记显示颜色

图4-44 标记颜色更改效果

03 如果要关闭某个标记，使其不显示在视图中，只需单击该标记前面的 ◉ 图标，当其显示为 ◯ 即可，如图4-45所示。再次单击 ◯，则该标记中的图形又会重新显示出来，如图4-46所示。

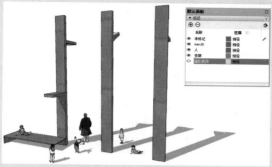

图4-45　隐藏标记

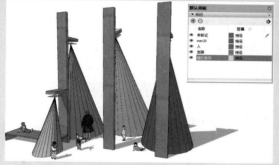

图4-46　显示标记

◎技巧·◎

　　当前标记不可进行隐藏，默认的当前标记为"未标记"。在标记的右侧单击，显示✐图标，即可将其设置为当前。无法隐藏当前标记。

04 如果要同时隐藏或显示多个标记，可以按住Ctrl键进行多选，然后单击◉图标即可，如图4-47与图4-48所示。

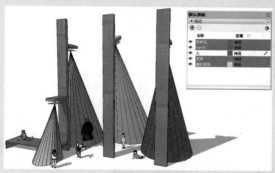

图4-47　选择多个标记

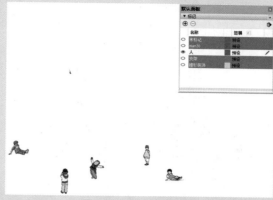

图4-48　隐藏多个标记

◎技巧·◎

　　按住Shift键可以进行连续多选，或单击"标记"面板右侧的"详细信息"按钮⬗，选择"全选"选项，可以选择所有标记，如图4-49与图4-50所示。

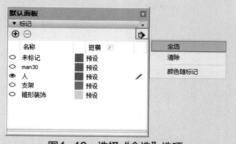

图4-49　选择"全选"选项

图4-50　选择所有标记

2. 增加与删除标记

　　接下来为如图4-51所示的场景新建"室外座椅"标记，并添加出室外座椅组件，学习增加标记的方法与技巧，然后学习删除标记的方法。

01 打开"标记"面板，单击左上角"添加标记"按钮⊕，即可新建标记。将新建标记命名为"室外座椅"，并将其设置为当前，如图4-52所示。

图4-51　打开场景

图4-52　添加标记

02 插入室外座椅组件，此时插入的组件即位于新建的"室外座椅"标记内，如图4-53所示。可以通过该标记对其进行隐藏或显示，如图4-54所示。

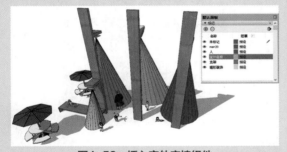

图4-53　插入室外座椅组件

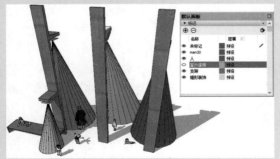

图4-54　隐藏室外座椅标记

03 当某个标记不再需要时，可以将其删除。选择要删除的标记，单击"标记"面板左上角的"删除标记"按钮⊖，如图4-55所示。

图4-55　单击"删除标记"按钮

04 如果删除标记没有包含物体，系统将直接将其删除。如果标记内包含物体，则弹出"删除包含图元的标记"对话框，如图4-56所示。

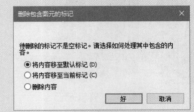

图4-56　"删除包含图元的标记"对话框

05 此时选择"将内容移至默认标记"选项，该标记内的物体将自动转移至当前标记内，如果选择"删除内容"选项，则将标记与物体同时进行删除，如图4-57与图4-58所示。

图4-57　将已删除标记中的物体移动至"未标记"中

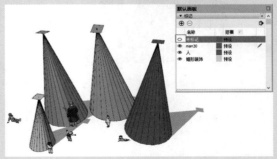

图4-58　隐藏"未标记"的效果

中文版SketchUp草图绘制技术精粹（第2版）

06 如果要将删除标记内的物体转移至非默认标记中，可以先将另一标记设为当前，如图4-59所示。然后在"删除包含图元的标记"对话框中选择"将内容移至当前标记"选项，如图4-60所示。

图4-59 将"支架"标记设为当前

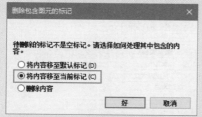

图4-60 选择"将内容移至当前标记"选项

◎技巧·◎

1. 如果场景内包含空白标记，可以单击"标记"面板右侧的"详细信息"按钮 ⬦，选择"清除"选项，如图4-61所示，即可自动删除所有空白标记，如图4-62所示。

图4-61 选择"清除"选项

图4-62 清除空白标记

2. 标记重命名：在"标记"面板中双击要修改的标记，输入新的标记名称，按Enter键确定即可。

4.2.3 标记属性

模型信息包括所选模型所在标记、名称、类型等属性，可直接进行修改。通过"图元信息"面板可以快速改变对象所处的标记位置，操作步骤如下。

01 选择要改变标记的对象，右击，在弹出的快捷菜单中选择"模型信息"选项，如图4-63所示。

图4-63 选择"模型信息"选项

02 此时弹出"图元信息"面板，在"标记"下拉列表中选择"未标记"选项，如图4-64所示。

图4-64 选择"未标记"选项

◎提示·◎

模型移至另一标记的其他方法：选择要移动的物体，单击"标记"工具栏右侧的向下箭头☑，在展开的标记列表选择目标标记，物体则移至指定标记，如图4-65所示，同时指定标记也将变为当前标记。

图4-65 移动模型至指定标记

4.3 雾化和柔化边线设置

在SketchUp中，雾化和柔化边线都起到了丰富画面的效果，雾化是对场景氛围的渲染，柔化边线是对实体的丰富。本节将详细讲解"雾化"和"柔化边线"工具的使用方法。

4.3.1 雾化设置

雾化效果在SketchUp中主要用于鸟瞰图的表现，制造远景效果。"雾化"面板如图4-66所示。

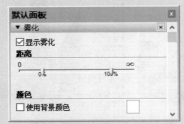

图4-66 "雾化"面板

显示雾化：勾选选项，在场景中显示雾化效果。

距离：通过滑动矩形滑块，调节场景中雾化的浓淡程度。

颜色：用于设置雾化效果颜色。勾选"使用背景颜色"选项，即可使用默认背景色，通过单击右侧的色块设置颜色。

4.3.2 实例——添加雾化效果

下面通过实例介绍为湖面添加雾化效果的方法。

01 打开配套资源中的"4.3.2添加雾化效果.skp"素材文件，如图4-67所示。执行"窗口" | "默认面板" | "雾化"命令，如图4-68所示。

图4-67 打开模型

图4-68 执行"雾化"命令

02 在弹出的"雾化"面板中勾选"显示雾化"选项，如图4-69所示。

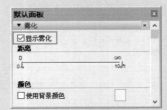

图4-69 选择"显示雾化"选项

03 向右调整"距离"下方左侧的滑块，调整近处的雾气细节，如图4-70所示。

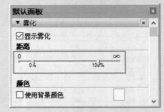

图4-70 添加雾化效果

04 默认设置下雾气的颜色与背景颜色一致，取消勾选"使用背景颜色"选项，然后单击色块▢进入"选择颜色"对话框，调整颜色后单击"好"按钮即可改变雾气颜色，完成效果如图4-71所示。

图4-71　调节雾气颜色

4.3.3　柔化边线设置

SketchUp的边线可以进行柔化和平滑，从而使有折面的模型看起来圆润光滑。边线柔化以后，在拉伸的侧面就会自动隐藏。柔化的边线还可以进行平滑，从而使相邻的表面在渲染中能均匀地过渡。

如图4-72所示为一套茶具，标准边线显示显得十分粗糙，现将其进行柔化边线操作，具体操作步骤如下。

图4-72　边线显示

01 选择需柔化边线的物体，执行"窗口"｜"默认面板"｜"柔化边线"命令，或右击，在弹出的快捷菜单中选择"柔化/平滑边线"选项，两者均可进行边线柔化，如图4-73所示为"柔化边线"面板。

02 法线之间的角度：拖动该滑块可以调节光滑角度的下限值，超过此数值的夹角将被柔化，柔化的边线会被自动隐藏，如图4-74所示。

图4-73　"柔化边线"面板

图4-74　调节法线之间的角度

03 平滑法线：用于限定角度范围内的物体实施光滑和柔化效果，如图4-75所示。

图4-75　平滑法线

04 软化共面：勾选此项后，将自动柔化共面并连接共面表面间的交线，如图4-76所示。

图4-76　软化共面

4.4 SketchUp群组工具

SketchUp提供了具有管理功能的"群组/组件"工具，可以对物体进行分类管理。用户之间还可以通过群组进行资源共享，并且容易修改。本章将系统地介绍群组的相关知识，包括群组的创建、编辑等。

4.4.1 群组的特点

群组又被简称为组，群组具有以下5个特点。

1. 快速选择

凡是成组的实体，只需在物体范围内单击即可选中组内的所有元素。

2. 协助组织模型

在已有组的基础上再创建组，形成具有层级结构的组，这样管理起来更加方便。如图4-77~图4-80所示为门模型，包含门锁、门套、门扇和门栓4个群组。

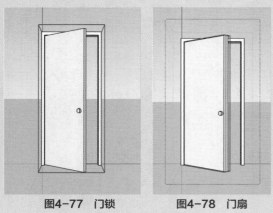

图4-77 门锁　　　　　图4-78 门扇

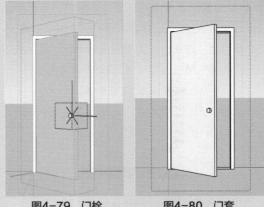

图4-79 门栓　　　　　图4-80 门套

3. 几何体隔离

组内的物体和组外的物体相互隔离，操作互不影响。

4. 提高建模速度

用组来管理和组织划分模型，有助于节省计算机资源，提高建模和显示速度。

5. 快速赋予材质

选中群组后赋予材质，群组中所有的面将会被赋予同一材质，而事先指定了材质的几何体不会受影响，这样可以大大提高赋予材质的效率。

4.4.2 组的创建与分解

1. 组的创建

01 选中要创建为群组的模型元素，执行"编辑"｜"创建群组"命令，如图4-81所示，或右击，在弹出的快捷菜单中选择"创建群组"选项，如图4-82所示。

图4-81 执行"创建群组"命令

图4-82 右键关联菜单

02 创建群组后，群组外侧将会生成高亮显示的边界框，如图4-83所示。

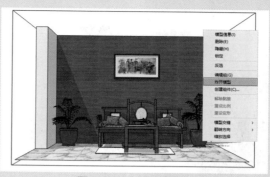

图4-85 右键关联菜单

图4-86 分解组

◎提示·◦

在分解群组时，若选中的是层级群组，则需多次执行"炸开模型"操作，才能取消层级群组中的各级群组。

图4-83 高亮显示边界框

2. 组的分解

选择需要分解的群组，执行"编辑"|"撤销组"命令，如图4-84所示，或右击，在弹出的快捷菜单中选择"炸开模型"选项，如图4-85所示，分解组的结果如图4-86所示。

4.4.3 组的锁定与解锁

1. 组的锁定

暂时不需要编辑的组可以将其锁定，以避免错误的操作。

01 选择需要锁定的群组，右击，在弹出的快捷菜单中选择"锁定"选项，即可锁定当前群组，如图4-87所示。

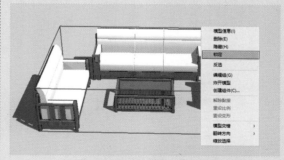

图4-84 执行"撤销组"命令

图4-87 选择"锁定"选项

02 锁定后的群组以红色线框显示，此时不可对其进行选择以及其他操作，如图4-88所示。

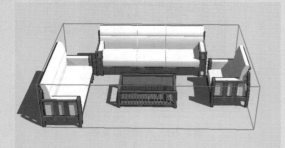

图4-88　锁定组

2．组的解锁

群组在锁定的状态下无法进行任何编辑，若要对群组进行编辑，必须要将其解锁。

选择需要解锁的群组，右击，在弹出的快捷菜单中选择"解锁"选项，如图4-89所示。

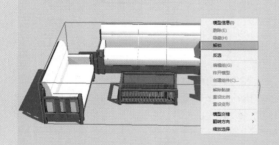

图4-89　选择"解锁"选项

> ◎提示·•
>
> 　　除了可以使用右键关联菜单进行"锁定"与"解锁"外，也可以直接执行"编辑"|"锁定"（"取消锁定"|"选定项/全部"）命令，如图4-90所示。
>
>
>
> **图4-90　通过菜单锁定或解锁**

4.4.4　组的编辑

当各种模型元素被纳入群组后，即成为一个整体，在保持组不改变的情况下，对组内的模型元素进行增加、减少、修改等单独编辑，即为组的编辑。

1．编辑组

通过"编辑组"命令，可以暂时打开组，从而对组内的模型进行单独调整，调整完成后又可以恢复群组。

01 选择需要编辑的组，右击，在弹出的快捷菜单中选择"编辑组"选项，如图4-91所示。

图4-91　选择"编辑组"选项

02 暂时打开的组显示一个虚线框，如图4-92所示，此时可以单独选择组内的模型进行调整。

图4-92　打开组

03 调整完成后，在视图空白处单击或执行"编辑"|"关闭群组/组件"命令，即可恢复群组，如图4-93与图4-94所示。

图4-93　调整模型

图4-94　恢复群组

◎技巧·◎

　　在组上连续双击，可以执行"编辑组"命令。

2．从群组中移出实体

　　在群组中移动物体，会将群组扩大，却不能直接将物体移出群组。因此，从群组中移出组中的模型元素，需使用剪切+粘贴的方法。

01 双击进入组的编辑状态，选择其中的模型（或组），如图4-95所示，然后使用Ctrl+X组合键，可以暂时将其剪切出组，如图4-96所示。

图4-95　打开组

图4-96　剪切模型

02 此时在空白处单击，关闭组，使用Ctrl+V组合键，将剪切的模型（或组）粘贴进场景，即可将其移出组，如图4-97所示。

图4-97　将模型移出组

3．向群组中增加实体

　　在群组中，可以使用"炸开模型"命令取消群组，添加实体后再重新创建为组，此操作过于烦琐，一般情况下使用粘贴的方式更加简便。

01 选择要增加到群组中的实体，使用Ctrl+X组合键，将实体进行剪切，如图4-98所示。

图4-98　选择模型

02 双击进入组，再使用Ctrl+V组合键将其粘贴即可，如图4-99所示。

图4-99　将模型加入组

4．文件间运用组件

利用SketchUp制图时，若想将曾经制作过的模型文件添加到正在创建的场景中，可以通过复制粘贴群组的方法，使组件在文件间交错应用。

5．群组的右键关联菜单

选择群组后右击，将出现如图4-100所示的右键关联菜单。

模型信息：选择该项弹出"图元信息"面板，在其中浏览和修改群组的属性参数，如图4-101所示。

- 选择颜料▨：单击色块即可弹出"选择颜料"对话框，用于显示和编辑颜料参数。
- 标记：用于显示和更改群组所在标记。
- 实例：用于编辑群组的名称。
- 类型：显示所选组的类型。
- 👁隐藏：单击此按钮，选中的群组将被隐藏。

图4-100　右键关联菜单　图4-101　"图元信息"面板

- 🔓解锁/🔒锁定：单击🔓按钮，选中的群组将被锁定，锁定后的群组将突出显示，且边框为红色。单击🔒按钮，解除锁定状态。
- ▤不接收阴影/▤接收阴影：单击▤按钮，群组不受场景中其他模型阴影的影响。单击▤按钮，群组接收其他物体的阴影，即其他物体的阴影将会显示群组上。
- ▧不投射阴影/▧投射阴影：单击▧按钮，群组不会投射阴影。单击▧按钮，群组按照场景设置的参数投射阴影。

删除：删除选中的群组。

隐藏：隐藏选中的群组，场景中将不会显示实体，如图4-102所示。

通过执行"视图"｜"显示隐藏的对象"命令，则隐藏的实体将以网格显示并可以被选择，如图4-103所示。

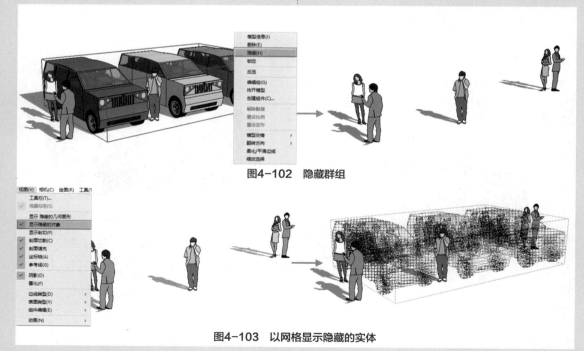

图4-102　隐藏群组

图4-103　以网格显示隐藏的实体

炸开模型：用于将群组炸开为独立的模型元素。

创建组件：用于将选中的群组转换为组件。

解除黏接：用于解除与选中群组相黏接的其他实体。

重设比例：用于取消对选中群组的所有缩放操作，恢复原始比例和尺寸大小。

重设变形：用于恢复对选中群组的扭曲变形操作。

6. 为组赋予材质

在SketchUp中创建的物体都具有软件系统默认的材质，默认材质在"材质"面板中以色块  显示。创建群组后，可以对组的材质进行编辑，此时组的默认材质将会更新，而事先指定的材质不会受到影响，如图4-104所示。

图4-104 更新默认材质

4.4.5 实例——添加躺椅

下面通过实例介绍添加躺椅的方法。

01 打开配套资源中的"4.4.5添加躺椅.skp"素材文件，这是一个室外泳池模型，如图4-105所示。

图4-105 室外泳池模型

02 执行"文件"｜"导入"命令，如图4-106所示。弹出"导入"对话框，打开配套资源提供的素材文件，单击"导入"按钮即可将模型导入到场景中，如图4-107所示。

图4-106 执行"导入"命令

图4-107 选择模型

03 将躺椅导入到场景中后，光标自动变为  状，如图4-108所示，移动躺椅至合适位置，单击即可，如图4-109所示。

图4-108 移动躺椅

图4-109 放置躺椅

04 将躺椅组加入至室外泳池组内。选择躺椅，使用Ctrl+X组合键将其剪切，如图4-110所示。然后双击进入室外泳池组内，再使用Ctrl+V组合键将其粘贴即可，如图4-111所示。

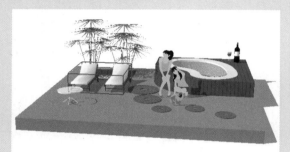

图4-110 剪切躺椅

图4-111 加入组

◎技巧·◦

加入躺椅另一种方法：分别打开配套资源中的"躺椅.skp"和"4.4.5添加躺椅.skp"素材文件，在"躺椅.skp"素材文件中，选择躺椅，使用Ctrl+C组合键将其复制。在"4.4.5添加躺椅.skp"素材文件中，使用Ctrl+V组合键，单击即可将躺椅添加到场景中。

4.5 SketchUp组件工具

组与组件类似，都是一个或多个物体的集合。组件可以是任何模型元素，也可以是整个场景模型，对尺寸和范围没有限制。

4.5.1 组件的特点

除了包括群组的特点之外，组件自身还具备6个特点。

1. 独立性

组件可输出后缀为.skp的SketchUp文件，可在任何文件中以组件形式调用，也可以单独文件形式存在。

2. 关联性

对一个组件进行编辑时，与其关联的组件将会同步更新。

3. 可替代性

组件可以被其他的组件统一替换，以满足不同绘图阶段对模型的要求。

4. 与其他文件链接

组件除了存在于创建自身的文件中，还可以导出到别的SketchUp文件中。

5. 特殊的行为对齐

组件可以对齐到不同的表面上，并且在附着的表面上挖洞开口。组件还拥有自己内部的坐标系。

6. 附带组件库

SketchUp中自带有丰富的组件库，有大量常用组件可以使用。同时还支持自建组件库，只需要将自建的模型自定义为组件，并保存至安装目录Components文件夹中即可。查看组件库的位置可通过执行"窗口"|"系统设置"命令，在弹出的"SketchUp系统设置"对话框中选择"文件"选项卡，如图4-112所示。

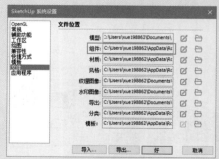

图4-112 查看组件库的位置

4.5.2　删除组件

组件不同于群组，组件在SketchUp中以文件的形式存在。在制图过程中，对于不需要的组件，可以通过以下三种方式进行删除。

01 选中需要删除的组件，按Delete键即可将组件删除。利用这种方法删除组件后，只是在场景中不再显示，但在"组件"面板中仍存在。

02 执行"窗口" | "默认面板" | "组件"命令，弹出"组件"面板，单击"在模型中"按钮，显示当前场景中的所有组件，然后选择不需要的组件并右击，在弹出的快捷菜单中选择"删除"选项，即可将组件从场景中彻底删除，如图4-113所示。

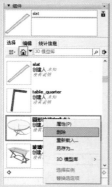

图4-113　删除组件

03 若想快速删除场景中未使用的组件，可通过执行"窗口" | "模型信息"命令，在弹出的"模型信息"对话框中选择"统计信息"选项卡，然后将范围限定在"仅限组件"，并取消勾选"显示嵌套组件"选项，设置完成后单击"清除未使用项"按钮即可，如图4-114所示。

图4-114　选择"统计信息"选项卡

4.5.3　锁定与解锁组件

组件跟群组一样可以进行锁定与解锁，但是由于组件具有群组所没有的关联性，相同名称的组件中一个被锁定后，其余多个组件也将被锁定。

组件的锁定与组的锁定类似，如图4-115与图4-116所示。这里不再赘述。

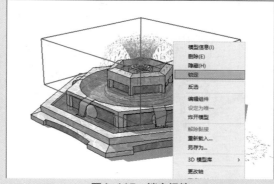

图4-115　锁定组件

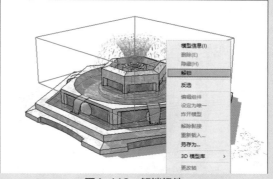

图4-116　解锁组件

4.5.4　实例——锁定组件

下面通过实例介绍锁定组件的独特性。

01 打开配套资源中的"4.5.4锁定组件.skp"素材文件，场景中餐桌椅为预设组件，选择餐椅如图4-117所示。

图4-117　选择餐椅

02 选中餐椅，右击，在弹出的快捷菜单中选择"锁定"选项，此时餐椅组件外框由蓝色变为红色，如图4-118所示。

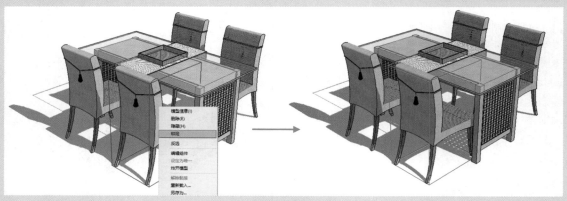

图4-118　锁定餐椅组件

03 双击另一把餐椅，此时将弹出如图4-119所示的提示对话框，单击"设定为唯一"按钮，即可进入编辑状态进行独立编辑，如图4-120所示。

图4-119　提示对话框

图4-120　独立编辑组件

◎提示·○

出现实例中的情况是因为组件之间具有群组之间不具备的关联性，在对一个组件进行操作时，其余相同名称的组件将会得到相应的操作变化。

◎提示·○

全部解锁：单击此按钮，场景中已有的锁定全部解锁，方便所有的组件进行编辑，并保持组件的关联性。

设置为唯一：单击此按钮，将会单独编辑当前组件，且此与其他组件之间的关联性消失。

4.5.5　编辑组件

组件的右键关联菜单中有多项与群组的相似，如图4-121所示，在此只对常见命令进行讲解。

图4-121　组件的右键关联菜单

设定为唯一：由于组件的关联性，当只需对其中一个进行单独编辑时，就需要执行该命令进行编辑，同时不会影响其他组件。

更改轴：用于重新设置组件坐标轴。

重设比例/重设变形/比例定义：组件的缩放与普通物体的缩放有所不同。若直接对一个组件进行缩放，不会影响其他组件的比例大小；而进入组件内部再进行缩放，则会改变所有相关联的组件。对组件进行缩放后，组件将会倾斜变形，此时执行"重设比例"或"重设变形"操作即可恢复组件原型。

翻转方向：通过子菜单命令可以对选中的组件单体进行X、Y和Z轴方向的翻转。

中文版SketchUp草图绘制技术精粹（第2版）

4.5.6 实例——翻转推拉门

下面通过实例介绍利用组件右键关联菜单翻转推拉门的方法。

1. 复制门窗组件

01 打开配套资源中的"4.5.6翻转推拉门.skp"素材文件，选择中间的门窗组件，如图4-122所示。

图4-122 选择门窗组件

02 激活"移动"工具 ✛，选取组件基点，按住Ctrl键，将门窗向左移动至合适位置进行复制，如图4-123所示。

图4-123 复制门窗组件

03 此时复制的门窗其拉手是反向的，不符合实际。在复制的门窗组件上右击，在弹出的快捷菜单中选择"翻转方向"｜"组件的红轴"选项，门窗组件将沿红轴方向进行翻转，如图4-124所示。

图4-124 翻转门窗组件

04 翻转完成后，门窗组件的镜像复制效果如图4-125所示。

图4-125 完成效果

2. 组件的淡化显示

执行"窗口"｜"模型信息"命令，在弹出的"模型信息"对话框中选择"组件"选项卡，如图4-126所示，在"组件"选项卡中可以设置在群组或组件内部编辑时群组或组件外部的模型元素的显示效果。

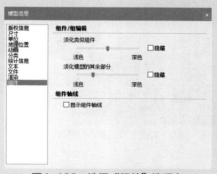

图4-126 选择"组件"选项卡

淡化类似组件：移动滑块可以设置被编辑组件外部的相同组件在此组件内观察时显示的淡化程度，越往浅色方向滑动颜色越淡，如图4-127所示为对窗户类似组件的淡化显示。

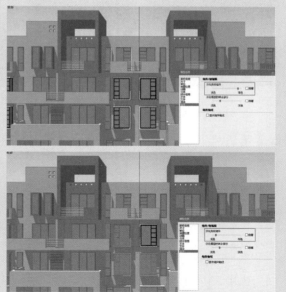

图4-127 淡化显示窗户组件

淡化模型的其余部分：移动滑块可以设置被编辑组件外部其余组件在此组件内观察时显示的淡化程度，越往浅色方向滑动颜色越淡，如图4-128所示为对场景中其余组件的淡化显示。

显示组件轴线：勾选选项后，可以在场景中显示组件的坐标轴，如图4-129所示。

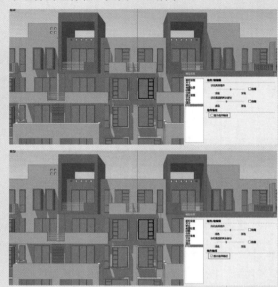

图4-129　显示组件轴

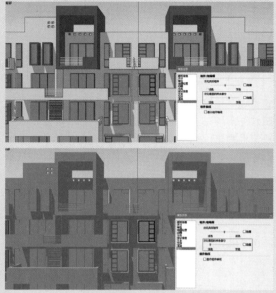

图4-128　淡化其余的模型元素

隐藏：勾选该项，表示在编辑一个组件时隐藏场景中其他相同或不同的模型元素。

3．组件的关联性

在SketchUp场景中，对组件物体进行单体编辑时，将可以同时编辑场景中所有其他相同名称的组件，这就是组件特殊的关联性，如图4-130所示为利用组件的关联性修改窗户，可以快速对其相关的组件进行修改，大大提高工作效率。

图4-130　利用组件的关联性修改窗户

4．组件的替代性

在SketchUp场景中，若采用了某一组件，成图后要求统一变换样式，可以利用组件的整体替代性更换组件，而不需要将要变换的组件删除后再逐个调用，组件的这一特性很大程度上提高了作图速度。

4.5.7　插入组件

在SketchUp中主要有两种插入组件的方法：通过"组件"选项板插入和通过执行"文件"｜"导入"命令插入。将事先制作好的组件插入到正在创建的场景模型中，可以起到事半功倍的效果。

1．"组件"选项板

执行"窗口"｜"默认面板"｜"组件"命令，弹出"组件"选项板，然后在"选择"选项卡中选择一个组件，接着在绘图区单击，即可将选择的组件插入当前视图，如图4-131所示。

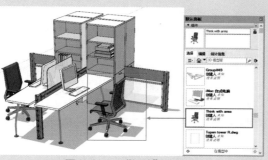

图4-131 "组件"选项板

"选择"选项卡：

■ 查看选项 ⊞▾：单击此按钮将弹出下拉菜单，包含"小缩略图""大缩略图""详细信息""列表"4种图标显示方式和"刷新"命令，选择显示图标的类型后，组件的显示方式将随之改变，如图4-132～图4-135所示。

图4-132 小缩略图　　图4-133 大缩略图

图4-134 详细信息　　图4-135 列表

■ 在模型中 ⌂：单击此按钮将显示当前模型中正在使用的组件，如图4-136所示。

■ 导航 ▾：单击此按钮将弹出下拉菜单，用于切换"在模型中"和"组件"命令中显示模型目录，如图4-137所示。

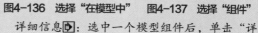

图4-136 选择"在模型中"　图4-137 选择"组件"

■ 详细信息 ▸：选中一个模型组件后，单击"详细信息"按钮即可弹出快捷菜单，如图4-138所示。"另存为本地集合"选项用于将选择的组件进行保存收集，"清除未使用项"选项用于清理多余的组件，以减小模型文件的大小。

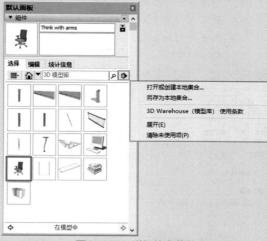

图4-138 详细信息菜单

◎提示·◦

1. "组件"面板最下方的显示框，左右两侧的箭头按钮用于前进或后退浏览组件库，如图4-139所示。

2. 保存组件还有另外一种方法：在"组件"面板中选择需要保存的组件，右击，在弹出的快捷菜单中选择"另存为"选项即可，如图4-140所示。

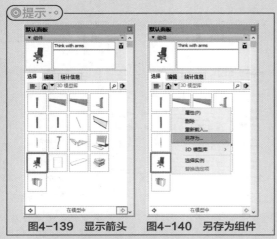

图4-139　显示箭头　　图4-140　另存为组件

"编辑"选项卡：如图4-141所示，在选中模型中的一个组件后，可以在"编辑"选项卡中对组件信息以及保存路径进行设置和查看。

■ 载入来源：在"组件"选项板中选中一个组件后，进入"编辑"选项卡，单击如图4-142所示的文件夹图标按钮，弹出"打开"对话框，即可导入组件。

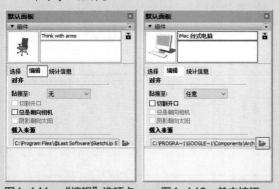

图4-141　"编辑"选项卡　　图4-142　单击按钮

"统计信息"选项卡：如图4-143所示，选中模型中的一个组件后，可以在其中查看组件中所含模型元素的数量。

图4-143　"统计信息"选项卡

2.　通过文件插入组件

在SketchUp中，组件可以以文件形式存在，故可以通过导入文件的方式将组件插入场景中。

执行"文件"|"导入"命令，弹出如图4-144所示的"导入"对话框，选择文件，单击"导入"按钮，即可将组件导入到SketchUp场景中。

图4-144　"导入"对话框

4.6　课后练习

4.6.1　编辑宫灯

本小节通过为如图4-145所示的宫灯创建组件和群组，练习右键关联菜单中"组件"和"群组"命令的使用。

图4-145　宫灯模型

提示步骤如下。

01 激活"选择"工具 ▸，选择灯笼。执行右键关联菜单中的"创建组件"命令，将灯笼创建为组件，如图4-146与图4-147所示。

图4-146　选择灯笼

图4-147　创建组件

02 框选所有组件，执行右键关联菜单中的"创建群组"命令，将其创建为群组，如图4-148所示。

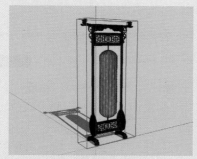

图4-148　创建群组

03 选中宫灯，执行右键关联菜单中的"锁定"命令，将宫灯组件锁定，如图4-149所示。

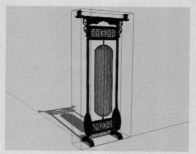

图4-149　锁定群组

4.6.2　设置背景和雾化效果

本小节通过为后花园场景设置背景和雾化效果，练习"样式"和"雾化"菜单命令的使用。

提示步骤如下。

01 执行"窗口"|"默认面板"|"样式"命令，为后花园设置背景，如图4-150所示。

图4-150　显示"样式"面板

02 执行"窗口"|"默认面板"|"雾化"命令，为后花园添加雾化效果，如图4-151所示。

图4-151　添加雾化效果

第5章
SketchUp常用插件

在前面的命令讲解及重点实战中，为了让用户熟悉SketchUp的基本工具和使用技巧，没有使用SketchUp基本工具以外的工具。但是在制作一些复杂的模型时，使用SketchUp基本工具建模会很复杂，而使用第三方的插件会起到事半功倍的作用。

本章介绍在SketchUp中应用较多的SUAPP建筑插件。SUAPP建筑插件是一款强大的工具集，极大地提高了SketchUp的建模能力，弥补了SketchUp本身建模能力的不足。

5.1 SUAPP插件的安装

SUAPP插件的安装方法很简单，按照提示信息选择选项，即可将插件安装到计算机中。

下面通过实例介绍安装SUAPP插件的方法。

01 双击SUAPPv3.5.1.2软件安装程序图标，此时将弹出"安装向导"对话框，如图5-1所示，单击"安装"按钮进入安装程序。

图5-1 安装向导

02 接着显示安装过程，如图5-2所示。

图5-2 显示安装过程

03 在稍后弹出的对话框中选择"离线模式"选项，单击"启动SUAPP"按钮结束安装，同时启动插件，如图5-3所示。

图5-3 选择"离线模式"选项

◎ 提示 ◦◦

也可以选择"云端模式"选项，如图5-4所示。选择该模式后，在使用SUAPP插件之前，必须先注册账号，再登录才能正常使用。建议选择"离线模式"选项，就可以免去注册、登录等操作。

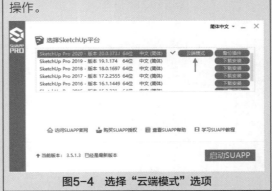

图5-4 选择"云端模式"选项

5.2 SUAPP插件基本工具

插件安装完成后，启动SketchUp软件，此时界面中将出现SUAPP基本工具栏，如图5-5所示。工具栏中显示了常用并且具有代表性的插件，通过图标的方式显示，方便用户使用。

图5-5　SUAPP基本工具栏

将光标置于图标之上，图标的右下角会显示相应的工具提示信息，介绍图标的名称及功能，如图5-6所示。

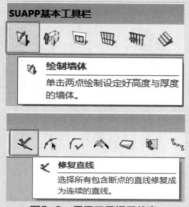

图5-6　显示工具提示信息

SUAPP的绝大部分核心功能都整理分类在"扩展程序"菜单中，SUAPP的增强菜单如图5-7所示。

图5-7　增强菜单

单击某一增强菜单项，会显示出相应的下级子菜单，如图5-8所示。

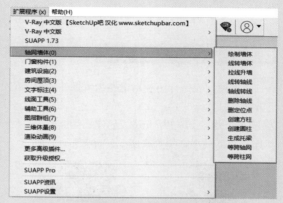

图5-8　下级子菜单

由于插件较多，这里只选取SUAPP的部分功能进行简单讲解，对其余的插件有兴趣的读者可以进行进一步探索。

5.2.1　镜像物体

"镜像物体"插件 与CAD软件中镜像 命令有异曲同工之处，操作方法大体相同，只是将二维改为三维而已。"镜像物体"插件通过对称点、线、面来镜像物体，可用于组及组件中，如图5-9所示。SketchUp中的"缩放"工具也可以对物体进行镜像，但是不保留源对象，没有"镜像物体"插件操作方便，如图5-10所示。详见5.2.2节实例的讲解，在此不再赘述。

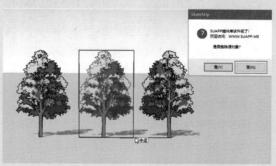

图5-9　使用"镜像物体"插件的镜像效果

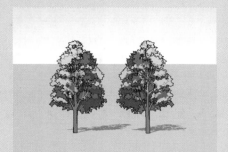

图5-10 "缩放"工具的镜像效果

5.2.2 实例——创建廊架

下面通过实例介绍利用镜像物体插件创建廊架的方法。

01 打开配套资源中的 "5.2.2创建廊架.skp" 素材文件,这是一个廊架的半成品,如图5-11所示。

图5-11 打开模型文件

02 激活 "直线" 工具 ✐ ,在廊架地面矩形上绘制中线作为辅助线,如图5-12所示。

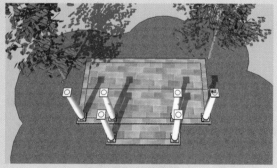

图5-12 绘制辅助中线

03 选择左侧廊柱,并激活 "镜像物体" 插件 ↖ ,此时状态栏中将出现SUAPP提示信息。以辅助线的中点为第一个对称点,如图5-13所示。

04 沿蓝轴方向拖动鼠标并单击确定第二个对称点,然后按Enter键确定,此时弹出 "SUAPP"

对话框,单击 "否" 按钮,即可镜像廊柱,如图5-14与图5-15所示。

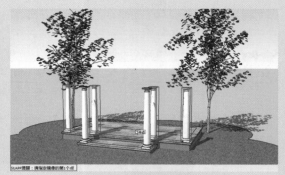

图5-13 确定第一个对称点

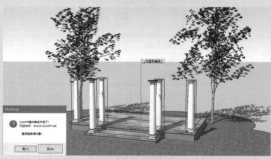

图5-14 确定第二个对称点

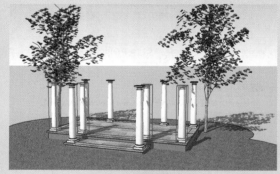

图5-15 廊柱镜像效果

05 接下来完善廊架,为廊架添加顶面,最终效果如图5-16所示。

图5-16 添加廊架顶面

5.2.3　生成面域

"生成面域"插件 ⬭ 主要用于将所有单线自动生成面域，在导入AutoCAD文件时非常有用，可以快速将导入文件生成平面，提高绘制效率，如图5-17所示。详见5.2.4节实例的讲解，在此不再赘述。

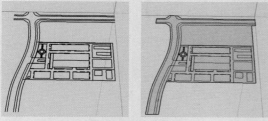

图5-17　生成面域

5.2.4　实例——生成面域

下面通过实例介绍利用"生成面域"插件进行封面的方法。

01 执行"文件"｜"导入"命令，将配套资源中的"5.2.4古城公园规划.dwg"素材文件导入至场景中，如图5-18所示。

图5-18　导入CAD图形

02 窗选导入的CAD文件，单击"生成面域"插件 ⬭，或执行"扩展程序"｜"线面工具"｜"生成面域"命令，此时状态栏中将出现进度条，如图5-19所示。

图5-19　显示进度条

03 生成面域完成后自动弹出"SketchUp"对话框，单击"确定"按钮，如图5-20所示。

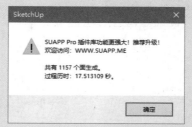

图5-20　"SketchUp"对话框

04 关闭结果对话框后，此时导入的CAD图形文件中大部分线段构成的面已被封成面域，仍存在少部分曲线段构成的面未被封面，如图5-21所示。

图5-21　封面完成

05 选择CAD文件，执行"扩展程序"｜"文字标注"｜"标记线头"命令，通过标记图形中有线头的地方，方便找到断线的地方，如图5-22所示。

图5-22　标记线头

06 激活"直线"工具 ✏，将标记有线头的地方进行连接处理，并删除线头标记，生成面域最终结果如图5-23与图5-24所示。

图5-23　处理线头并封面

图5-24　完成效果

在对较为复杂的模型使用"生成面域"插件
□ 时，并不一定可以封合每一个面，这是插件
的局限之处，因此尽量把CAD图形绘制完整，
不要出现断线等状况。

5.2.5　拉线成面

"拉线成面"插件▲主要用于将线段沿指定方
向拉伸一定的高度并生成面，如图5-25所示。"拉
线成面"插件很多情况下用于创建曲线面。详见
5.2.6节实例的讲解，在此不再赘述。

5.2.6　实例——创建窗户

下面通过实例介绍利用"拉线成面"插件创建
窗户的方法。

图5-25　拉线成面

01 激活"矩形"工具 ▣ ，在平面中绘制一个
4300mm×1800mm的矩形，并用"推/拉"工
具 ◆ 将其向上推拉2500mm的高度，如图5-26
所示。

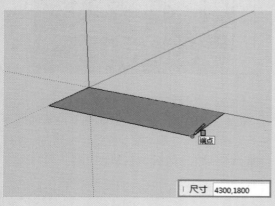

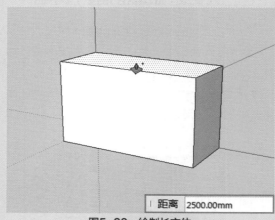

图5-26　绘制长方体

02 在长方体上选择需开窗的矩形面，并执行
"扩展程序"|"门窗构件"|"墙体开窗"命
令，在弹出的"参数设置"对话框中设置窗户的

相关参数，单击"好"按钮，如图5-27与图5-28所示。

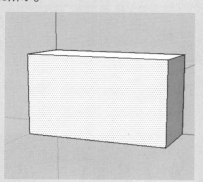

图5-27　执行"墙体开窗"命令

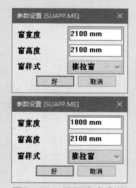

图5-28　设置窗户参数

03 此时模型中出现窗户构件，光标自动变成 💠，将窗户移动至合适位置后单击确定即可，如图5-29所示。

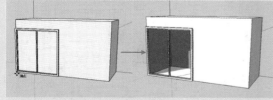

图5-29　放置窗户

04 在模型两侧添加窗户，如图5-30所示。

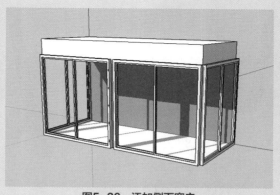

图5-30　添加侧面窗户

05 利用"擦除" 🖊 工具删除多余的矩形平面，完善结果如图5-31所示。

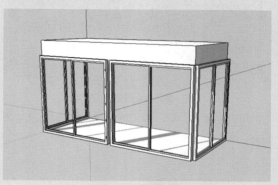

图5-31　完善结果

06 添加窗帘。激活"徒手画"工具 ✍，在窗户一侧绘制一条自由曲线，如图5-32所示。

图5-32　绘制自由曲线

07 选择绘制的自由曲线，执行"扩展程序"｜"线面工具"｜"拉线成面"命令，然后在曲线上单击，并沿蓝轴方向移动光标，如图5-33所示。

08 在"数值"输入框中输入2100，并按Enter键确定，即可生成高度为2100mm的窗帘，如图5-34所示。

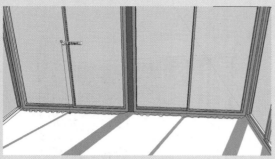

图5-33　沿Z轴移动光标

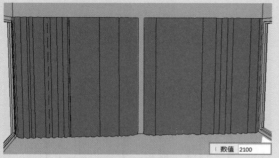

数值 2100

图5-34　确定拉成面高度

09 用同样的方法，为窗户两侧添加窗帘，如图5-35所示。

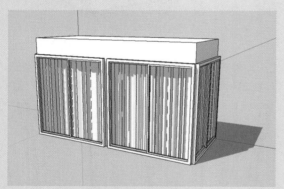

图5-35　添加两侧窗帘

10 激活"材质"　工具，为窗户赋予材质，如图5-36所示。

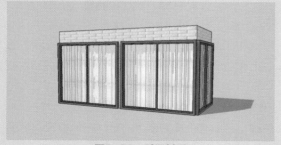

图5-36　赋予材质

5.3 课后练习

5.3.1 创建室内墙体

本小节通过创建如图5-37所示的室内墙体，练习"生成面域"插件、"拉线成面"插件的使用方法。

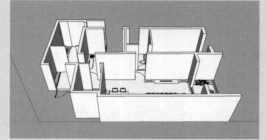

图5-37　室内墙体模型

提示步骤如下。

01 执行"文件"|"导入"命令，导入配套资源中的"5.3.1室内CAD文件.dwg"素材文件，如图5-38所示。

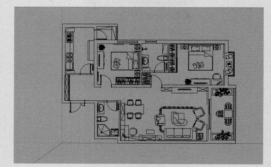

图5-38　导入室内CAD文件

02 选择导入的CAD文件，单击"生成面域"插件，将其进行封面处理，如图5-39所示。

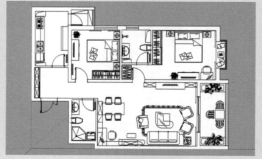

图5-39　进行封面处理

03 选择墙体线段，单击"拉线成面"插件 ，拉出墙体高度，如图5-40所示。

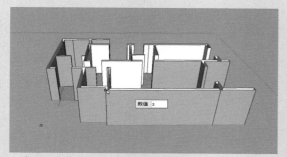

图5-40 拉线成面

5.3.2 创建对谈桌椅

本小节通过创建如图5-41所示的中式桌椅，练习"镜像物体"插件 的使用方法。

图5-41 中式桌椅模型

提示步骤如下。

01 激活"直线"工具 ，在桌子上绘制中线作为辅助线，如图5-42所示。

图5-42 绘制辅助中线

02 选择左侧椅子，并激活"镜像物体"插件 ，镜像椅子，如图5-43所示，最终结果如图5-41所示。

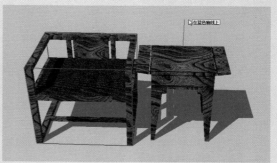

图5-43 确定对称点

第6章
SketchUp材质与贴图

SketchUp拥有强大的材质库，可以应用于边线、表面、文字、剖面、组和组件中，并实时显示材质效果，所见即所得。而且在赋予材质后，可以快速修改材质的名称、颜色、透明度、尺寸及位置等属性。本章将学习SketchUp材质和贴图功能的应用，包括提取材质、填充材质、创建材质和贴图技巧等。

6.1 SketchUp填充材质

材质是模型在渲染时产生真实质感的前提，配合灯光系统能使模型表面体现出颜色、纹理、明暗等效果，从而使虚拟的三维模型具备真实物体的质感。

SketchUp的特色在于设计方案的推敲与手绘效果的表现，在写实渲染方面能力并不出色，一般只需为模型添加颜色或纹理即可，然后通过风格设置得到各种手绘效果。

6.1.1 默认材质

在SketchUp中创建物体，系统会自动赋予默认材质。由于SketchUp使用的是双面材质，所以默认材质的正反面显示的颜色是不同的。双面材质的特性可以帮助用户更容易区分表面的正反朝向，以方便在导入其他建模软件时调整面的方向。

默认材质正反两面的颜色可以通过执行"窗口"｜"默认面板"｜"样式"命令，在弹出的"样式"面板中选择"编辑"选项卡，单击"平面设置"按钮 ，在弹出的"选择颜色"对话框中进行设置，如图6-1与图6-2所示。

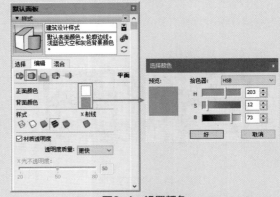

图6-1　设置颜色

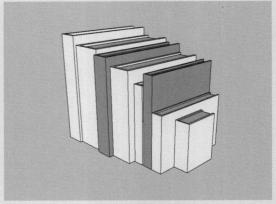

图6-2　默认材质

6.1.2 材质编辑器

单击"材质"按钮 ，或执行"工具"｜"材质"命令，均可打开"材质"面板，如图6-3所示。

在"材质"面板中有"选择"和"编辑"两个选项卡，用来选择与编辑材质，也可以浏览当前模型中使用的材质。

"点按开始使用这种颜料绘图"窗口 ◤：该窗口用于预览材质，选择或提取一个材质后，在该窗口中会显示这个材质，同时会自动激活"材质"工具 ◉。

名称文本框：选择一种材质并赋予模型后，在名称文本框中将显示该材质的名称，用户可以在这里为材质重命名，如图6-4所示。

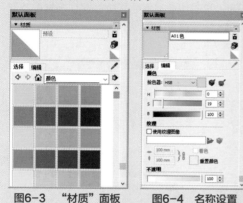

图6-3 "材质"面板　　图6-4 名称设置

"创建材质" ◉：单击该按钮即可弹出"创建材质"对话框，在其中可以对材质的名称、颜色、大小等属性进行设置，如图6-5与图6-6所示。

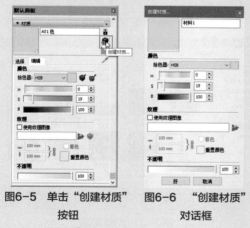

图6-5 单击"创建材质"　　图6-6 "创建材质"
　　　　　按钮　　　　　　　　　　对话框

1. "选择"选项卡

"选择"选项卡的界面如图6-7所示。

"后退、前进"按钮 ⇦ ⇨：在浏览材质库时，使用这两个按钮可以向前或向后翻转材质列表。

"在模型中"按钮 ⌂：单击该按钮后可以快速显示当前场景中的材质列表。

"样本颜料"工具 ✎：单击该工具可从场景中提取材质，并将其设置为当前材质。

"详细信息"按钮 ⮫：单击该按钮将弹出一个快捷菜单，如图6-8所示。

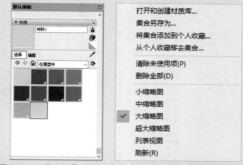

图6-7 "选择"选项卡　　图6-8 快捷菜单

- 打开和创建材质库：用于载入一个已经存在的文件夹或创建一个文件夹到"材质"面板中。执行该命令弹出的对话框中不能显示文件，只能显示文件夹。

- 集合另存为/将集合添加到个人收藏：用于将选择的文件夹添加到收藏夹中。

- 删除全部：该命令可以将选择的文件夹从收藏中删除。

- 小缩略图/中缩略图/大缩略图/超大缩略图/列表视图："列表视图"命令用于将材质图标以列表状态显示，其余4个命令用于调整材质图标显示的大小，如图6-9～图6-13所示。

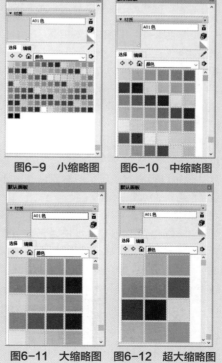

图6-9 小缩略图　　图6-10 中缩略图

图6-11 大缩略图　　图6-12 超大缩略图

图6-13 列表视图

2. "编辑"选项卡

"编辑"选项卡如图6-14所示,下面对其进行详细介绍。

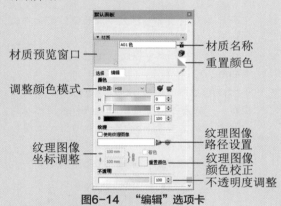

材质预览窗口——

调整颜色模式——

纹理图像坐标调整——

——材质名称
——重置颜色

——纹理图像路径设置
——纹理图像颜色校正
——不透明度调整

图6-14 "编辑"选项卡

■ 材质名称

新建材质后为其起个易于识别的名称,材质的命名应该正规、简短,如"水纹""玻璃"等,也可以以拼音首字母作为命名,如"SW""BL"等。

如果场景中有多个类似的材质,则应该添加后缀,加以区分,如"玻璃_半透明""玻璃_磨砂"等,此外也可以根据材质模型的对象进行区分,如"水纹_溪流""水纹_水池"等。

■ 材质预览

通过"材质预览"窗口可以快速查看当前新建的材质效果,在预览窗口内可以对颜色、纹理以及透明度进行实时预览,如图6-15~图6-17所示。

图6-15 颜色预览　　图6-16 纹理图像预览

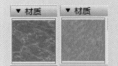

图6-17 透明度预览

■ 颜色模式

对"颜色"拾色器的介绍将在6.2节中详细讲解。

■ 纹理图像路径

按下"纹理图像路径"后的"浏览"按钮，将打开"选择图像"对话框进行纹理图像的加载，如图6-18与图6-19所示。

图6-18 单击按钮

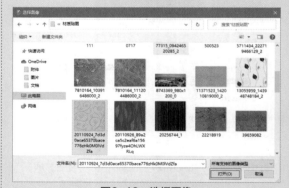

图6-19 选择图像

◎提示·◦

通过上述的过程添加纹理图像后,"使用纹理图像"复选框将自动勾选,此外通过勾选"使用纹理图像"复选框,也可以直接进入"选择图像"对话框。如果要取消纹理图像的使用,则取消勾选该复选框即可。

■ 纹理图像坐标

默认的纹理图像尺寸并不一定适合场景对象，如图6-20所示，此时可通过调整纹理图像坐标，得到比较理想的显示效果，如图6-21所示。

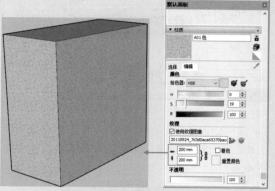

图6-20 纹理图像的原始尺寸效果

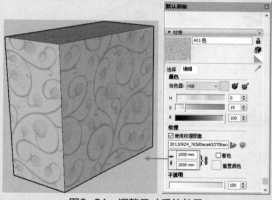

图6-21 调整尺寸后的效果

默认设置下，纹理图像的长宽比被锁定。例如，将纹理图像的宽度设置为1000，长度会自动调整为1000，如图6-22所示，保持长宽比不变。如果需要单独调整纹理图像的长度和宽度，可以单击后面的"解锁"按钮 }，再分别输入长度和宽度，如图6-23与图6-24所示。

图6-22 保持原始比例　　图6-23 解锁

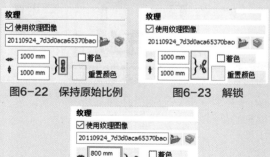

图6-24 输入宽度和长度

◎提示・。

在"材质"面板中只能改变纹理图像尺寸与比例，如果调整纹理图像的位置、角度等，需要通过执行"纹理"命令完成。

■ 纹理图像色彩的校正

除了可以调整纹理图像的尺寸与比例，勾选"着色"复选框，还可以校正纹理图像的色彩。单击其中的"重置颜色"色块，颜色即可还原，如图6-25～图6-27所示。

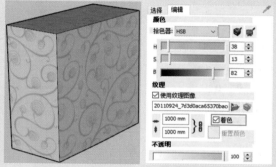

图6-25 勾选"着色"复选框

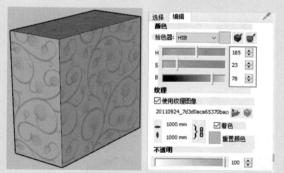

图6-26 调整颜色参数

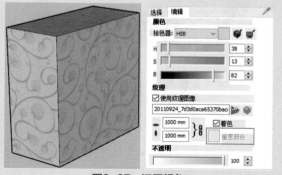

图6-27 还原颜色

■ 不透明度

用于设置贴图的不透明度。

6.1.3 填充材质

单击“材质”工具🎨，可以为模型中的实体填充材质，既可以为单个元素上色，也可以填充一组相连的表面，同时还可以覆盖模型中的某些材质。

SketchUp分门别类地制作了一些材质，直接单击文件夹或通过材质下拉按钮即可进入该类材质，如图6-28与图6-29所示。

图6-28　材质类型

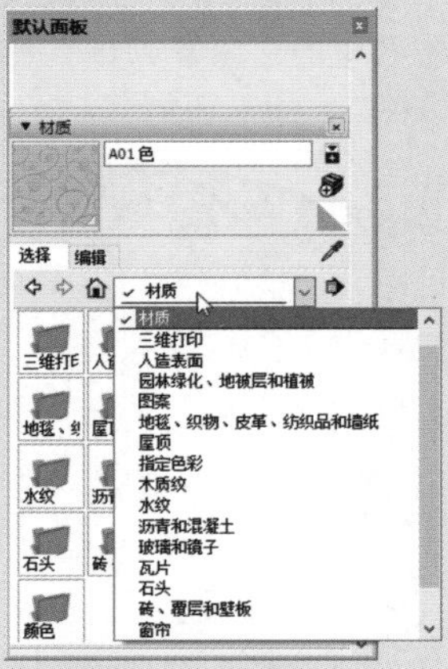

图6-29　材质列表

6.1.4 实例——填充材质

下面通过实例介绍利用“材质”工具为物体填充材质的方法。

01 打开配套资源中的“6.1.4填充材质.skp”素材文件，这是一个没有赋予材质的亭子模型，如图6-30所示。

图6-30　亭子模型

02 激活“选择”工具↖，选择需要填充的面。利用“材质”工具🎨，首先导入纹理图像，然后单击，即可对选中的面赋予材质，如图6-31所示。如果事先选中了多个物体，则可以同时为选中的物体填充材质，这种填充方法即为“单个填充”。

图6-31　单个填充

03 按住Ctrl键，此时光标变为🎨，在亭顶表面上单击，此时与所选中表面相邻接的表面将被赋予颜色E01□材质，重复填充，这种填充方法即为“邻接填充”，效果如图6-32所示。

图6-32　邻接填充

04 按住Shift键，此时光标将变为🎨，在赋予了材质的亭顶上单击，此时模型中所有赋予颜色E01□材质的积木都被替换为颜色F01□，这种填充方法即为“替换材质填充”，如图6-33所示。

图6-33　替换材质填充

05 重复命令操作，为地面赋予铺装材质，亭子填充的最终效果如图6-34所示。

图6-34　最后填充效果

（◎提示:◦）

激活"材质"工具的同时按住Alt键，当光标变成 ✏ 状时，单击模型中的实体，就能提取该实体的材质。使用Ctrl+Shift组合键，当光标变成 🖐 时，单击即可实现邻接替换的效果。

6.2 "颜色"拾色器

在"材质"面板中可以对颜色进行相关设置。主要包括颜色的"拾色器""还原颜色更改""匹配模型中对象的颜色""匹配屏幕上的颜色"。

拾色器：在"颜色模式"列表中，可以选择"色轮""HLS""HSB""RGB"四种颜色模式，如图6-35～图6-38所示。

- 色轮模式：使用这种颜色模式可以从色盘上直接取色。色盘右侧的滑块可以调节色彩的明度，越往上明度越高，越往下则相反。

- HLS模式：H、L、S分别代表色相、亮度和饱和度，这种颜色模式适用于调整灰度值。

- HSB模式：H、S、B分别代表色相、饱和度和明度，这种颜色模式适用于调整非饱和度颜色。

- RGB模式：R、G、B分别代表红色、绿色和蓝色，RGB颜色模式拥有很宽的颜色范围，是SketchUp最有效的颜色吸取器。用户也可以在右侧的数值框中输入数值进行调节。

图6-35　色轮模式

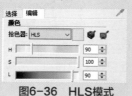

图6-36　HLS模式

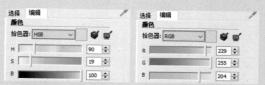

图6-37　HSB模式　　　图6-38　RGB模式

还原颜色更改：若对调节后的颜色不满意，可以通过单击 □ 色块对修改后的颜色进行还原处理。

"匹配模型中对象的颜色" 🖐：单击该按钮后可从模型中进行取样。

"匹配屏幕上的颜色" 🖐：单击该按钮后可从屏幕中进行取样。

6.3 材质不透明度

SketchUp中材质的不透明度为0～100%，"不透明度"数值越高，材质越不透明，如图6-39与图6-40所示。在调整时可以通过滑块进行调节，有利于不透明度的实时观察。

图6-39　"不透明度"为100时的材质效果

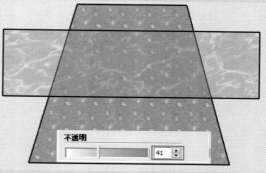

图6-40　"不透明度"为41时的材质效果

提示

SketchUp通过70%临界值来决定表面是否产生投影，不透明度大于或等于70%的表面可以产生投影，小于70%则不产生投影，如图6-41与图6-42所示。

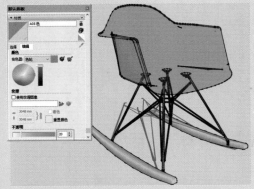

图6-41 "不透明度"小于70%的效果

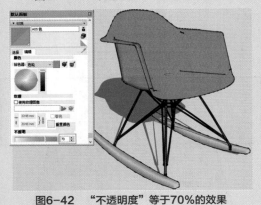

图6-42 "不透明度"等于70%的效果

提示

如果没有为物体赋予材质，那么物体在默认材质下，是无法改变不透明度的。SketchUp的阴影设计为每秒渲染若干次，因此基本上无法提供照片级的真实阴影效果，如需要更为真实的阴影效果，可以将模型导出至其他渲染软件中进行渲染。

6.4 贴图坐标

SketchUp的贴图是作为平铺对象应用的，不管表面是垂直、水平或倾斜，贴图都附着在表面上，不受表面位置的影响。SketchUp的贴图坐标主要包

括两种模式，"锁定图钉"模式和"自由图钉"模式。

在物体的贴图上右击，在弹出的快捷菜单中选择"纹理"|"位置"选项，可以对纹理图像进行"移动""旋转""扭曲""拉伸"等操作。

6.4.1 实例——"锁定图钉"模式

"锁定图钉"模式可以按比例"缩放""倾斜""剪切""扭曲"贴图。每个图钉都有一个邻近的图标，这些图标代表其相应的功能。

下面通过实例介绍"锁定图钉"模式的使用方法。

01 打开配套资源中的"6.4.1贴图坐标别墅屋顶.skp"素材文件，选择赋予纹理图像的屋顶模型表面，右击，在弹出的快捷菜单中选择"纹理"|"位置"选项，显示用于调整纹理图像的半透明平面与四色图钉，如图6-43与图6-44所示。

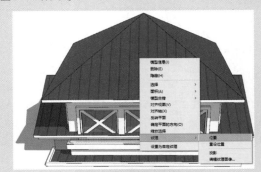

图6-43 选择"位置"选项

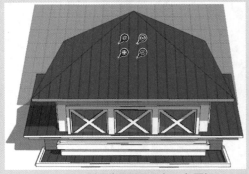

图6-44 显示半透明平面与四色图钉

02 默认状态下光标为平移抓手图标，此时按住鼠标左键即可平移纹理图像位置，如果将光标置于某个图钉上，系统将显示该图钉的功能，如图6-45与图6-46所示。

图6-45　显示抓手图标

图6-46　显示图钉功能

03 四色图钉中的红色图钉 为"移动"工具，执行"纹理"|"位置"命令后默认启用该功能，此时可以将图像进行任意方向的移动，如图6-47与图6-48所示。

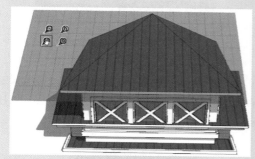

图6-47　向左平移纹理图像

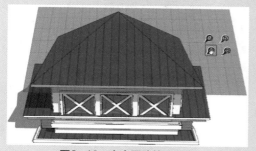

图6-48　向右平移纹理图像

04 四色图钉中的绿色图钉 为"旋转|缩放"工具，单击的同时按住该按钮在水平方向移动，将对纹理图像进行等比缩放，上下移动则将对纹理图像进行旋转，如图6-49～图6-51所示。

图6-49　选择绿色图钉

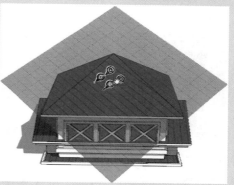

图6-50　上下旋转纹理图像

图6-51　水平缩放纹理图像

05 四色图钉中的黄色图钉 为"扭曲"工具，单击的同时按住该按钮向任意方向拖动，将对纹理图像进行对应方向的扭曲，如图6-52～图6-54所示。

图6-52　选择黄色图钉

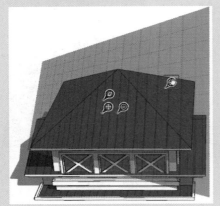

图6-53　向右上角拖动鼠标

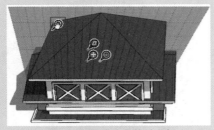

图6-54　向左上角拖动鼠标

06　四色图钉中的蓝色图钉 ⬭ 为"缩放/移动"工具，单击的同时按住该按钮水平拖动，可以增加纹理图像在垂直方向上的重复次数，上下拖动则改变纹理图像的平铺角度，如图6-55～图6-57所示。

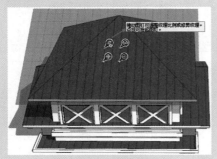

图6-55　选择蓝色图钉

图6-56　水平拖动鼠标

图6-57　上下拖动鼠标

07　调整完成后右击，弹出如图6-58所示的快捷菜单，选择"完成"命令则结束调整，选择"重设"命令则取消当前的调整，恢复至调整前的状态。

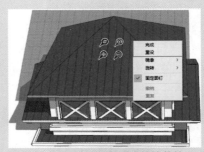

图6-58　右击鼠标弹出快捷菜单

08　通过"镜像"命令的子菜单，可以快速对当前纹理图像进行"左/右"或"上/下"的翻转操作，如图6-59所示。

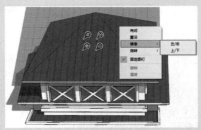

图6-59　"镜像"命令的子菜单

09　通过执行"旋转"命令，可以快速对当前纹理图像进行90°、180°、270°三种角度的旋转，如图6-60与图6-61所示。

图6-60 "旋转"命令的子菜单

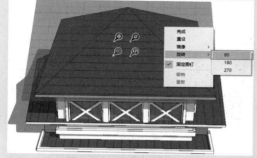

图6-61 旋转90°的结果

6.4.2 "自由图钉"模式

"自由图钉"模式主要用于设置和消除照片的扭曲状态。在"自由图钉"模式下，图钉之间不会互相限制，这样可以将图钉拖曳到任何位置。

在模型贴图上右击，在弹出的快捷菜单中选择"固定图钉"选项，即可将"锁定图钉"模式调整为"自由图钉"模式，如图6-62所示。此时4个彩色图钉都会变成相同模样的黄色图钉，可以通过移动图钉进行贴图的调整，如图6-63所示。

选择"撤销"命令，撤销上一步的操作。选择"重复"命令，则删除"撤销"的结果，恢复原来的显示状态。

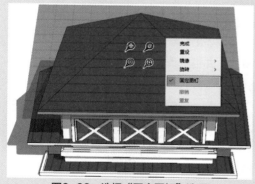

图6-62 选择"固定图钉"选项

图6-63 拖动图钉

6.5 贴图技巧

在SketchUp中使用普通填充方法为模型赋予材质时会产生许多不尽如人意的效果，如贴图破碎、连接错误、比例难以控制等。在SketchUp中，可以通过借助辅助键、贴图坐标等对贴图进行调整。编辑贴图的技巧主要包括转角贴图、贴图坐标和隐藏几何体、曲面贴图与投影贴图。

6.5.1 转角贴图

SketchUp的贴图可以包裹模型转角。在工作中经常会遇到在多个转折面需要赋予相关材质的情况，如直接赋予材质，效果通常会不理想，运用转角贴图技巧可以形成理想的衔接效果，如图6-64与图6-65所示。

图6-64 直接赋予材质的效果

图6-65 转角贴图效果

6.5.2 实例——创建魔盒

下面通过实例介绍利用转角贴图技巧创建魔盒的方法。

01 打开配套资源中的"6.5.2创建魔盒.skp"素材文件，如图6-66所示。

图6-66　打开模型

02 激活"材质"工具 🖌️，在弹出的"材质"面板中选择"编辑"选项卡，在其中单击"浏览材质图像文件"按钮📂，然后导入资源中的"转角贴图.jpg"文件，并将贴图材质赋予魔盒的一个面，如图6-67与图6-68所示。

图6-67　导入贴图

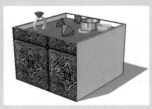

图6-68　赋予材质

03 在贴图上右击，在弹出的快捷菜单中选择"纹理"|"位置"选项，进入编辑状态，对贴图的位置进行编辑，调整到合适的位置后，右击，在弹出的快捷菜单中选择"完成"选项，如图6-69～图6-71所示。

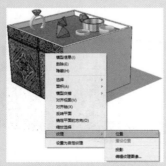

图6-69　选择"位置"选项

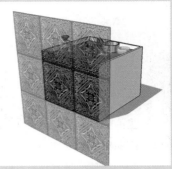

图6-70　调整贴图

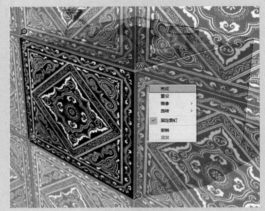

图6-71　完成编辑

04 单击"材质"面板中的"样本颜料"按钮🖌️（或使用"材质"工具🖌️并配合Alt键），然后单击被赋予材质的面，进行材质取样，如图6-72所示。

图6-72　吸取材质

05 接着单击其相邻的表面，将取样的材质赋予到相邻表面上，此时赋予的材质贴图会自动无错位相接，并进行调整，结果如图6-73所示。

图6-73　完整魔盒效果

6.5.3 贴图坐标和隐藏几何体

在为圆柱体赋予材质时，有时虽然材质能够完全包裹住物体，但是在连接处还是会出现错位的情况，出现这种情况时可以运用"贴图坐标"和"隐藏几何体"两个工具来解决，如图6-74与图6-75所示。

图6-74　直接赋予材质的效果　图6-75　编辑材质的效果

6.5.4 实例——创建笔筒花纹

下面通过实例介绍利用"贴图坐标"和"隐藏几何体"的技巧创建笔筒花纹的方法。

01 打开配套资源中的"6.5.4创建笔筒花纹.skp"素材文件，如图6-76所示。

02 激活"材质"工具 ✍，在弹出的"材质"面板中选择"编辑"选项卡，在其中单击"浏览材质图像文件"按钮 ，然后导入资源中的"6.5.4圆柱贴图.jpg"文件，将贴图赋予笔筒，并调整贴图的大小。此时转动笔筒，会发现明显的错位情况，如图6-77与图6-78所示。

图6-76　打开笔筒模型

图6-77　导入模型

图6-78　赋予材质

03 执行"视图"|"显示 隐藏的几何图形"命令，将物体的网格线显示出来，如图6-79所示。

图6-79　执行"显示 隐藏的几何图形"命令

04 在圆柱体其中一个分面上右击，在弹出的快捷菜单中选择"纹理"|"位置"选项，对其进行重设贴图坐标的操作。再次右击，在弹出的快捷菜单中选择"完成"选项，如图6-80与图6-81所示。

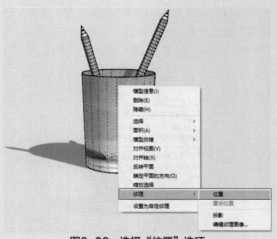

图6-80　选择"位置"选项

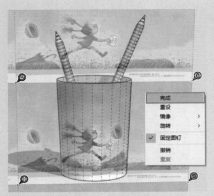

图6-81　完成编辑

05 激活"材质"工具 🎨，按住Alt键，此时光标变为吸管状态 🖋，如图6-82所示。然后在刚编辑的圆柱分面上单击，进行材质取样，接着为圆柱体的其他分面重新赋予材质，此时贴图没有出现错位现象，笔筒花纹的最终材质效果如图6-83所示。

图6-82　吸取材质　　　图6-83　笔筒花纹的最终效果

6.5.5　曲面贴图与投影贴图

在运用SketchUp建模时常常会遇到地形起伏的状况，使用普通赋予材质的方式会使得材质赋予不完整。SketchUp提供了"曲面贴图"和"投影贴图"技巧来解决这一问题，如图6-84与图6-85所示。详见6.5.6节的实例讲解，在此不再赘述。

图6-84　直接赋予材质效果

图6-85　曲面、投影贴图效果

6.5.6　实例——创建地球仪

下面通过实例介绍利用"曲面贴图"与"投影贴图"技巧创建地球仪的方法。

01 绘制球体。激活"圆"工具 ⬤，绘制两个互相垂直、大小一致的圆，然后将其中一个圆的面删除，只保留边线，如图6-86所示。

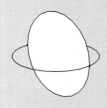

图6-86　绘制圆

02 选择边线，激活"路径跟随"工具 🌀，单击圆平面，即可生成球体，如图6-87所示。

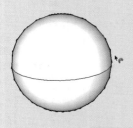

半径 5000

图6-87　生成球体

03 利用"旋转矩形"工具 📐，创建一个竖直的矩形平面，矩形面的长宽与球体直径相一致，如图6-88所示。

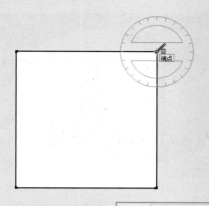

| 长度: | 10000mm |
| 角度, 宽度: | 0.0, 10000mm |

图6-88 绘制竖直矩形

04 激活"材质"工具 ✍，在"材质"面板中选择"使用纹理图像"选项，导入配套资源中的"6.5.6 曲面贴图.jpg"素材文件，并将贴图赋予矩形平面，如图6-89所示。

图6-89 赋予矩形面材质

05 在矩形面的贴图上右击，在弹出的快捷菜单中选择"纹理" | "投影"选项，如图6-90所示。

图6-90 选择"投影"选项

06 选中球体，激活"材质"工具 ✍，在"材质"面板中切换至"选择"选项卡，然后单击"提取材质"按钮 ✐，接着单击矩形平面的纹理图像，进行材质取样，最后将提取的材质赋予到球体，如图6-91与图6-92所示。

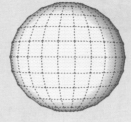

图6-91 提取材质

图6-92 赋予材质

07 最后隐藏球体边线，并将制作完成的地球放置到架子上，完成地球仪的制作，效果如图6-93与图6-94所示。

视图(V)	相机(C)	绘图(R)	工具(T
工具栏(T)...			
✓ 场景标签(S)			
显示 隐藏的几何图形			
显示隐藏的对象			
显示剖切(P)			
✓ 剖面切割(C)			
剖面填充			
✓ 坐标轴(A)			
✓ 参考线(G)			
✓ 阴影(D)			
雾化(F)			
边线类型(D)		▶	
表面类型(Y)		▶	
组件编辑(E)		▶	
动画(N)		▶	

图6-93 执行命令

图6-94　地球仪的绘制效果

6.6　课后练习

6.6.1　填充亭子材质

本小节通过填充如图6-95所示亭子材质，练习"材质"工具 🖩 的使用。

图6-95　亭子模型

提示步骤如下。

01 激活"材质"工具 🖩，在弹出的"材质"面板中单击"创建材质"按钮 💠，填充柱墩材质，如图6-96所示。

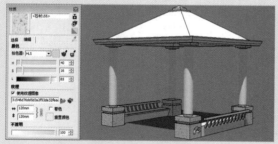

图6-96　填充柱墩材质

02 为靠背椅、柱子填充木材质，如图6-97所示。

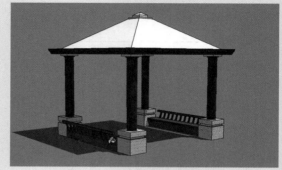

图6-97　填充靠背椅、柱子材质

03 激活"材质"工具 🖩，为亭顶填充材质，如图6-98所示。

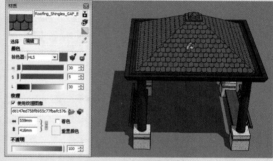

图6-98　填充亭顶材质

04 执行右键关联菜单中的"纹理"|"位置"命令，通过激活图钉去调整材质贴图的显示效果，操作完成后右击，在弹出的快捷菜单中选择"完成"选项。按住Alt键吸取材质并填充其他面，调整材质贴图，如图6-99所示。

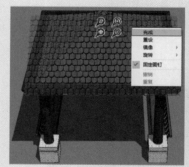

图6-99　调整亭顶材质贴图

6.6.2　创建红酒瓶标签

本小节通过创建如图6-100所示红酒瓶标签，练习"贴图坐标"和"隐藏几何体"命令的使用。

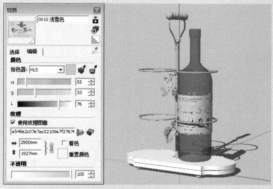

图6-100　红酒瓶模型

提示步骤如下。

01 激活"材质"工具 ，为红酒瓶的标签赋予材质，此时发现明显的错位情况，如图6-101所示。

图6-101　赋予红酒瓶标签材质

02 执行"视图"｜"显示隐藏的几何图形"命令，显示网格线，如图6-102所示。

图6-102　显示网格线

03 执行"纹理"｜"位置"命令，选择图钉调整贴图的显示方式。操作完毕后，右击，在弹出的快捷菜单中选择"完成"选项，如图6-103与图6-104所示。

图6-103　执行"位置"命令

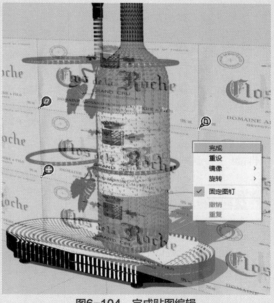

图6-104　完成贴图编辑

04 按住Alt键进行材质取样，为其他分面重新赋予材质，结果如图6-100所示。

第7章
SketchUp渲染与输出

SketchUp通过其文件的导入与导出功能，可以很好地与AutoCAD、3ds Max、Photoshop以及Piranesi常用软件进行紧密协作。同时建立的模型可以使用V-Ray等专业渲染插件生成写实的效果图，也可以导出至3ds Max中进行更为精细的调整和渲染输出。

7.1 V-Ray for SketchUp模型的渲染

SketchUp虽然建模功能灵活，易于操作，但渲染功能非常有限。在材质上，只有贴图、颜色及透明度控制，不能设置真实世界物体的反射、折射、自发光、凹凸等属性，因此只能表现建筑的大概效果，无法生成真实的照片级效果。

SketchUp只有太阳光，没有其他灯光系统，无法表现夜景及室内灯光效果。仅提供了阴影模式，只能对受光面、背光面进行简单的亮度区分。

V-Ray for SketchUp渲染插件的出现，弥补了SketchUp渲染功能的不足。只要掌握了正确的渲染方法，使用SketchUp也能做出照片级的效果图。在本章中将介绍V-Ray渲染插件的概念与发展，并详细讲解V-Ray渲染插件的使用方法。

7.1.1 V-Ray简介

1. V-Ray渲染的概念及发展

V-Ray for SketchUp渲染插件是将V-Ray整合嵌置于SketchUp之内，沿袭了SketchUp的日照和贴图习惯，使得其在方案表现上有最大程度的延续。V-Ray渲染器参数较少，材质调节灵活，灯光简单而强大。

在V-Ray for SketchUp渲染插件发布以前，处理SketchUp效果图的方法通常是将SketchUp模型导入至3ds Max中调整模型的材质，然后借助V-Ray for

Max对效果图进一步完善，增加空间的光影关系，获得逼真效果的效果图。

V-Ray作为一款功能强大的全局光渲染器，应用在SketchUp中的时间并不是很长。在2007年，推出了第一个正式版本V-Ray for SketchUp 1.0，此后，根据用户反馈的意见和建议，V-Ray继续完善和改进。如图7-1与图7-2所示为V-Ray渲染的效果图。

图7-1　室内渲染效果

图7-2　室外渲染效果图

2. V-Ray渲染器的特点

V-Ray的应用之所以日趋广泛，受到越来越多的用户青睐，主要是因为其具有独特、强大的特点，具体内容如下。

- V-Ray拥有优秀的全局照明系统和超强的渲染引擎，可以快速计算出比较自然的灯光照明效果，并且同时支持室外、室内及机械产品的渲染。
- V-Ray还支持其他主要三维软件，如3ds Max、Maya、Rhino等，其使用方式及界面相似。
- V-Ray以插件的方式存在于SketchUp界面中，实现了对SketchUp场景的渲染，同时也做到了与SketchUp的无缝整合，使用起来非常方便。
- V-Ray支持高动态贴图（HDRI），能完整表现出真实世界中的真正亮度，模拟环境光源。
- V-Ray拥有强大的材质系统，庞大的用户群提供的教程、资料、素材也极为丰富，遇到困难通过网络很容易便可找到答案。
- 开发了V-Ray与SketchUp的插件接口的美国ASGVIS公司，已经在2011年被ChaosGroup收购，相对于FRBRMR等渲染器来说，V-Ray的用户群非常大，很多网站都开辟了V-Ray渲染技术讨论区，便于用户进行技术交流。

7.1.2 V-Ray for SketchUp主工具栏

在SketchUp软件中安装完成V-Ray插件后，会在界面上出现V-Ray主工具栏和光源工具栏，在此先介绍V-Ray主工具栏，如图7-3所示。

V-Ray for SketchUp

图7-3 V-Ray主工具栏

工具栏中各按钮的功能如下。

- "资源编辑器" ：此工具用于打开"V-Ray资源编辑器"，对场景中V-Ray材质、灯光以及渲染参数进行编辑设置。
- "材质/模型" ：单击此按钮打开对话框，在其中可以选择材质或模型。
- "渲染" ：开始或终止非互动式渲染。
- "交互式渲染" ：开始或终止交互式渲染。
- "输出至Chaos Cloud" ：将当前场景输出至Chaos Cloud。
- "V-Ray查看器"窗口 ：单击此按钮，打开"V-Ray查看器"窗口，观察渲染结果。

- "视口渲染" ：在SketchUp视口中进行互动式渲染。
- "视口区域渲染" ：开始或关闭视口区域渲染。允许在SU视口中选择渲染区域，按Shift键+鼠标左键框选增加渲染区域。
- "帧缓存视口" ：显示V-Ray帧缓存窗口。
- "批量渲染" ：开始或停止批量渲染，开启时批量渲染SU每一个场景记录的内容。
- "批量渲染并上传至Chaos Cloud" ：开始或停止批量渲染，并将每一个场景上传至Chaos Cloud。
- "锁定相机方向" ：SketchUp移动相机时，允许互动式渲染窗口停止镜头更新。

7.1.3 V-Ray for SketchUp资源编辑器

V-Ray for SketchUp的资源编辑器用于创建材质和设置材质的属性。单击V-Ray主工具栏中的"资源编辑器"按钮 ，打开"V-Ray-资源编辑器V5.1"对话框，如图7-4所示。

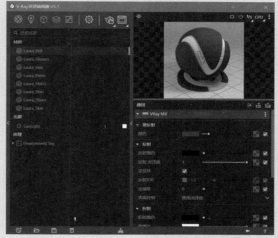

图7-4 "V-Ray-资源编辑器 V5.1"对话框

在左上角的工具栏中单击"材质"按钮 ，显示材质编辑面板。左侧为材质列表，显示各种材质类型的名称，右侧为材质参数设置区。在材质列表中选择任意一种材质后，右侧面板将会显示与之对应的材质参数设置。

1. 材质预览视窗

单击材质预览视窗右上角的"预览一次当前资源"按钮 ，资源编辑器将根据材质参数的设置，渲染并显示效果，以便观察材质是否合适，如图7-5所示。

图7-5　材质预览视窗

2.材质右键菜单

材质右键菜单主要用于查看和管理场景材质，如选择场景中的对象、应用到选择物体以及应用到层、重命名等。在材质列表中选择其中一种材质，在名称上右击，弹出如图7-6所示的菜单。

图7-6　材质右键菜单

材质右键菜单中各选项含义如下。

- 选择场景中的对象：全部选择场景中使用此材质的对象。
- 应用到选择物体：将当前材质赋予选中的物体。
- 应用到层：将材质赋予到所选标记的全部物体。（在SketchUp 2020版本中，图层更改为标记，但是作用不变）。
- 复制：复制选中的材质。
- 重命名：对材质重新命名，方便查找和管理。
- 制作副本：复制材质，并且自动添加序号，方便在此材质的基础上创建新材质。
- 另存为：将材质保存到计算机的指定路径。
- 删除：删除不需要的材质。
- 作为替代：将材质设置为替代材质。

3.材质参数设置区

在材质预览视窗的下方，显示材质的"通用"参数面板，如图7-7所示，包括"漫反射""反射""折射"等。单击右上角的按钮，显示隐藏

的参数选项，如"光泽""倍增"卷展栏，如图7-8所示。

图7-7　参数面板

图7-8　显示被隐藏的卷展栏

展开参数卷展栏，如图7-9所示，在各选项中定义参数。单击颜色色块打开对话框，如图7-10所示，在其中定义材质的颜色。

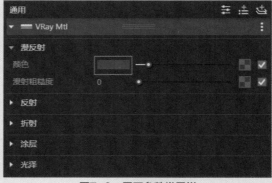

图7-9　展开参数卷展栏

图7-10　选择颜色

4. 创建V-Ray材质

在资源编辑器的左下角单击按钮，选择"材质"|"通用"选项，如图7-11所示。创建名称为"通用"的材质，并显示与之对应的参数设置面板，如图7-12所示。

图7-11　选择选项

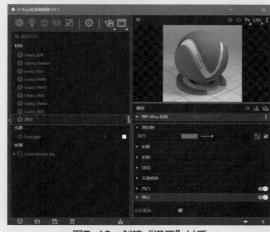

图7-12　创建"通用"材质

在参数卷展栏中设置参数，重定义材质。如设置"漫反射"颜色后，在预览视窗中可以实时查看修改颜色的结果，如图7-13所示。

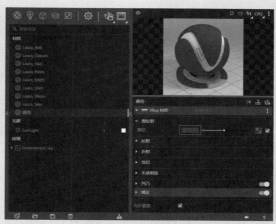

图7-13　修改材质颜色

在材质列表中选择材质，单击下方的"删除"按钮，如图7-14所示，将材质删除。

图7-14　删除材质

7.1.4　V-Ray for SketchUp材质类型介绍

V-Ray for SketchUp材质包括"通用"材质、"自发光"材质、"双面"材质、"毛发"材质等，如图7-15所示。本小节对常用的几个材质进行介绍。

1. "通用"材质

"通用"材质是最常用的材质类型，可以模拟多数物体的属性，其他材质类型都是以"通用"材质为基础。"通

图7-15　材质列表

用"材质中包含"漫反射""反射""折射""涂层"等参数卷展栏,如图7-16所示。

图7-16 "通用"材质参数面板

"通用"材质各参数卷展栏含义如下。

■ 漫反射:参数卷展栏如图7-17所示。在其中设置漫反射的颜色,滑动圆形滑块,调整不透明度。单击右侧的按钮█,在列表中选择相应选项,为漫反射通道添加贴图。

图7-17 "漫反射"卷展栏

■ 反射:参数卷展栏如图7-18所示。在其中设置参数颜色、光泽度以及"各向异性""减弱距离"等各项参数。

■ 折射:折射用来设置物体的选项或雾、色散、插值、半透明属性。实现折射效果需要设置不透明参数,即折射颜色的亮度,否则折射效果无法表现出来。参数卷展栏如图7-19所示。

■ 涂层:参数卷展栏如图7-20所示,通过输入数值或者调整滑块的位置,定义"涂层数量""涂层颜色"等参数。通过载入贴图,模拟"涂层凹凸"效果。

图7-18 "反射"卷展栏

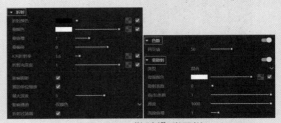

图7-19 "折射"卷展栏

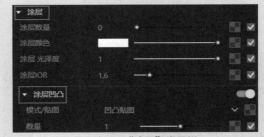

图7-20 "涂层"卷展栏

■ 光泽:参数卷展栏如图7-21所示,在其中设置光泽的颜色及光泽度。

图7-21 "光泽"卷展栏

■ 不透明度:参数卷展栏如图7-22所示。滑动滑块调整参数值,单击按钮█,可以添加贴图。在"自定义来源""模式"选项中,单击弹出的列表,选择对应的选项即可。

图7-22　"不透明度"卷展栏

- 凹凸：卷展栏如图7-23所示。在"模式/贴图"选项中选择模式，单击按钮■，添加贴图。在"数量"选项中设置凹凸值。

图7-23　"凹凸"卷展栏

- 倍增：卷展栏如图7-24所示。该卷展栏默认被隐藏，单击参数面板右侧的按钮■，可以显示/隐藏"倍增"卷展栏。在参数面板中调整选项的倍增值，还可以在通道中添加位图。

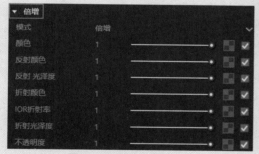

图7-24　"倍增"卷展栏

- 绑定：卷展栏如图7-25所示。通过滑动滑块选择需要绑定的选项。在"纹理模式"列表中选择模式，默认选择"自动"选项。

图7-25　"绑定"卷展栏

2. "自发光"材质

利用"自发光"材质模拟物体的发光效果，常常用来制作计算机屏幕、电视机屏幕的渲染效果。"自发光"材质的颜色默认为白色，可以自定义颜色类型。还可以调整强度、透明度，选择是否需要背面发光，参数面板如图7-26所示。

图7-26　"自发光"材质参数面板

3. "双面"材质

"双面"材质用于模拟半透明的薄片效果，如纸张、灯罩等。V-Ray的"双面"材质是一个较特殊的材质，由两个子材质组成，通过调整半透明值可以控制两个子材质的显示比例。这种材质可以用来制作窗帘、纸张等薄的、半透明效果的材质，如果与V-Ray的灯光配合使用，还可以制作出非常漂亮的灯罩和灯箱效果，如图7-27所示为"双面"材质参数设置面板。

4. "毛发"材质

"毛发"材质用来模拟物体表面毛茸茸的效果，参数面板如图7-28所示。通过设置参数，如整体颜色、透明度以及反弹高光等，可以得到较为逼真的毛发效果，多用来制作毛绒玩具、毛巾、地毯等纺织品。

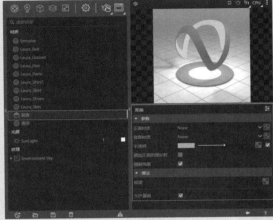

图7-27　"双面"材质参数设置面板

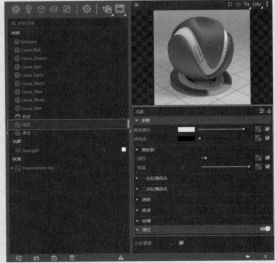

图7-28　"毛发"材质参数设置面板

5. "卡通覆盖"材质

　　"卡通覆盖"材质用于将物体渲染成卡通效果。V-Ray的"卡通覆盖"材质在制作模型的线框效果和概念设计中非常实用，其创建方法与角度混合材质等材质的创建方法相同，创建完成材质后为其设置一个基础材质就可以渲染出带有比较规则轮廓线的默认卡通材质效果，"卡通覆盖"材质参数设置面板如图7-29所示。

图7-29　"卡通覆盖"材质参数设置面板

7.1.5　V-Ray for SketchUp灯光工具栏

　　V-Ray for SketchUp灯光工具栏包括"矩形灯""球灯""聚光灯""IES灯""泛光灯""穹顶灯"等，如图7-30所示。本节将对常用的几个光源设置进行介绍。

图7-30　V-Ray for SketchUp灯光工具栏

中文版SketchUp草图绘制技术精粹（第2版）

工具栏中各按钮的说明如下。

- 灯光列表🔍：单击该按钮，打开"V-Ray灯光生成器"对话框，展示灯光参数。
- 矩形灯🔽：在场景中创建矩形灯。
- 球灯◎：在场景中创建球形灯，可以对内凹形的表面实现均匀照明。
- 聚光灯◁：在场景中创建聚光灯。
- IES灯🔼：在场景中创建光域网灯。
- 泛光灯🔆：在场景中创建泛光灯。
- 穹顶灯⌒：在场景中创建穹顶灯，可以对弯曲的表面实现均匀照明。
- 转换网格灯◎：转换SketchUp组或组件物体为网格灯。

1. 矩形灯

V-Ray for SketchUp提供了矩形灯，在V-Ray灯光工具栏中单击"矩形灯"按钮🔽，在场景中创建矩形灯，如图7-31所示。

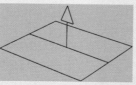

图7-31　矩形灯

在"V-Ray资源编辑器"对话框中单击"光源"按钮🔍，在"光源"列表中显示场景中所有的光源。选择矩形灯，右侧显示与之对应的参数面板，如图7-32所示。修改参数，调整矩形灯在场景中的效果。

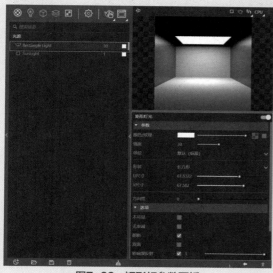

图7-32　矩形灯参数面板

💡提示·◦

　　矩形灯的照明精度和阴影质量要明显高于泛光灯，但其渲染速度较慢，所以不要在场景中使用太多的高细分值的矩形灯。

2. 球灯

V-Ray for SketchUp提供了球灯，在V-Ray灯光工具栏中单击"球灯"按钮◎，在场景中创建球灯，如图7-33所示。

图7-33　球灯

在"V-Ray资源编辑器"对话框中选择球灯，在右侧的参数面板中设置参数，如图7-34所示，调整球灯在场景中的效果。

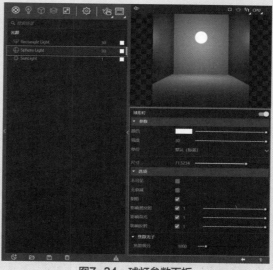

图7-34　球灯参数面板

3. 聚光灯

V-Ray for SketchUp提供了聚光灯，在V-Ray灯光工具栏中单击"聚光灯"按钮◁，在场景中创建聚光灯，如图7-35所示。

图7-35　聚光灯

在"V-Ray资源编辑器"对话框中选择聚光
灯，在右侧的参数面板中设置参数，如图7-36所
示，调整聚光灯在场景中的效果。

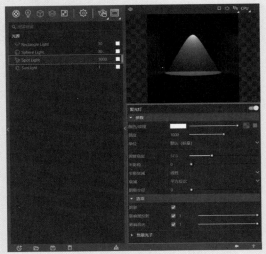

图7-36　聚光灯参数设置

4. IES灯

V-Ray for SketchUp提供了IES灯（光域网光源），
在V-Ray灯光工具栏中单击"IES灯"按钮↑，并在
视图区单击，就可以创建出光域网光源，如图7-37
所示。

图7-37　光域网光源

在"V-Ray资源编辑器"对话框中选择IES灯，
在右侧的参数面板中设置参数，如图7-38所示，调
整IES灯在场景中的效果。

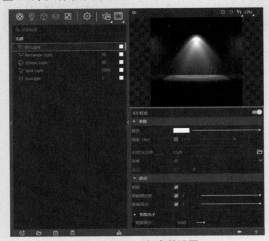

图7-38　IES灯参数设置

5. 泛光灯

V-Ray for SketchUp提供了泛光灯，在 V-Ray灯
光工具栏中单击"泛光灯"按钮☀，在场景中创建
泛光灯，如图7-39所示。

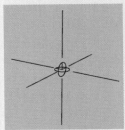

图7-39　泛光灯

点光源像SketchUp物体一样，以实体形式存
在，可以对其进行移动、旋转、缩放和复制等操
作，点光源的实体大小与灯光的强弱和阴影无关，
也就是任意改变点光源实体的大小和形状都不会影
响到其对场景的照明效果。

在"V-Ray资源编辑器"对话框单击"光源"
按钮⚙，在"光源"列表中显示场景中所有的光
源。选择泛光灯，右侧显示与之对应的参数面板，
如图7-40所示。修改参数，调整泛光灯在场景中的
效果。

图7-40　泛光灯参数设置

6. 穹顶灯

V-Ray for SketchUp提供了穹顶灯，在V-Ray灯
光工具栏中单击"穹顶灯"按钮◎，并在视图区单
击，就可以创建出穹顶灯光源，如图7-41所示。

在"V-Ray资源编辑器"对话框中选择穹顶
灯，在右侧的参数面板中设置参数，如图7-42所
示，调整穹顶灯在场景中的效果。

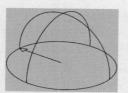

图7-41　穹顶灯

7.　太阳光

V-Ray for SketchUp提供的V-Ray太阳光可以模拟真实世界中的太阳光，可以自定义天空模型，如标准晴空、阴天等，参数设置面板如图7-43所示。V-Ray太阳光主要用于控制季节（日期）、时间、大气环境、阳光强度和色调的变化。

图7-42　穹顶灯参数设置

图7-43　太阳光参数设置

7.1.6　V-Ray for SketchUp渲染参数设置介绍

在"V-Ray资源编辑器"对话框中单击"设置"按钮，弹出V-Ray渲染参数设置，由多个参数卷展栏组成，如图7-44所示。本节只选取几个卷展栏进行讲解。

1.　全局照明

V-Ray的"全局照明"卷展栏主要通过对灯光的整体控制来满足特定的要求，参数设置如图7-45所示。

图7-44　V-Ray渲染参数设置　　　　　图7-45　"全局照明"卷展栏

卷展栏中的主要参数含义如下。

- 主引擎：显示场景主要全局照明计算的类型，一共有三种，分别是发光贴图、强算（BF）、灯光缓存。
- 次级引擎：显示场景次要全局照明计算的类型，分别是无、强算（BF）、灯光缓存。选择不同的类型，显示与之对应的参数卷展栏。

- 细分值：将"次级光线"的类型设置为"灯光缓存"时，显示"灯光缓存"卷展栏。在选项中设置灯光的细分值，细分值越大，所需要的渲染时间就越长。
- 采样尺寸：系统在渲染的过程中根据所设定的尺寸对物体进行采样操作。值越小，系统按照尺寸划分物体，逐一渲染所需的时间就变得更长。
- 反射焦散/折射焦散：勾选此项后，渲染时将计算贴图或材质中光线的反射/折射效果。
- 倍增：设置光子映射的倍增值。值越大，占用的系统资源越多。
- 最大光子数：设置投射到物体的光子数量。初期测试渲染时可以设置较小的参数值，以免占用过多的时间。

"全局照明"在灯光调试阶段特别有用，例如可以关闭反射焦散/折射焦散选项，这样在测试渲染阶段就不会计算材质的反射和折射，因此可以大大提高渲染速度。

2. 相机（摄像机）设置

在使用相机拍摄景物时，可通过调节光圈、快门或使用不同的感光度ISO以获得正常的曝光照片。相机的自平衡调节功能还可以对因色温变化引起的相片偏色现象进行修正。

V-Ray也具有相同功能的相机。可调整渲染图像的曝光和色彩等效果，达到真实的相机效果，其参数设置如图7-46所示。

图7-46 "相机设置"卷展栏

卷展栏主要参数介绍如下。

类型：指相机类型，共有三种供选择，分别是标准、VR球形全景、VR立方体。

曝光值（EV）：根据场景的实际情况，调整值的大小，防止过暗或过亮。

曝光补偿：单击"曝光值（EV）"选项右侧的"自动"按钮，激活该项。设置参数，补偿因为曝光过度产生的不良效果。

白平衡：单击选项右侧的"自动"按钮，激活选项。单击色块，可以自定义颜色类型。

散焦：指光线不在焦点会聚，而是呈发散状态。调整参数值，实时观察光线发散的效果，找到最合适的值即可。

焦点来源：设置相机焦点的来源，有三种方式可选，分别是固定距离、相机目标、固定焦点。

焦距：焦距越小，视野越宽，取景范围也就越广，能拍摄的画面就越多。焦距越大，视野越窄，取景范围也就越窄，能拍摄的画面就越少。

渐晕：调整参数值，为场景添加晕影。

3. 抗锯齿过滤

"抗锯齿过滤"选项参数主要用于处理渲染图像的锯齿效果，参数设置如图7-47所示。提供6种尺寸/类型，应合理设置参数值，并非越大越好。

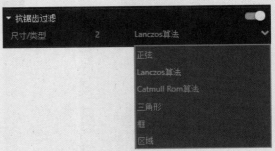

图7-47 "抗锯齿过滤"卷展栏

4. 色彩映射

色彩映射也可以看作是曝光控制方式，参数设置如图7-48所示。

图7-48 "色彩映射"卷展栏

5. 渲染质量

设置渲染成像的效果，参数面板如图7-49所示。适当地调整"噪点限制"值，可以提升图像质量，参数值不宜过大或过小。自定义"最大细分""最小细分"选项值，值越高对计算机配置要求越高。"阴影比率"值通常按默认设置，也可根据情况进行调整。

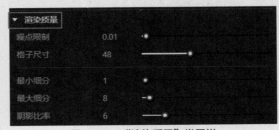

图7-49 "渲染质量"卷展栏

6. 渲染输出

在最终渲染前，在"渲染输出"卷展栏中设置参数，设置面板如图7-50所示。

图7-50 "渲染输出"卷展栏

选择"渲染安全框"选项，在场景中显示安全框，位于框内的内容被渲染输出。

在"图像宽度/高度"选项中设置图像尺寸。在"长宽比"列表中选择系统提供的尺寸比例，选择"自定义"选项，可以自定义图像大小。

在"文件路径"选项中设置存储最终图像的位置。

7.2 室内渲染实例

在了解了V-Ray for SketchUp的材质、灯光和渲染的基本知识之后，本节通过实例介绍V-Ray渲染器在室内空间的渲染流程和方法。

7.2.1 测试渲染

在进行正式渲染之前，需要对场景灯光效果进行测试以达到最好的光照效果。

1. 添加光源并设置灯光参数

01 打开配套资源中的"7.2室内模型.skp"素材文件，这是一个现代室内模型，场景模型客厅中拥有顶灯4盏和吊灯1盏、台灯1盏，餐厅中拥有吊灯1盏和顶灯4盏，如图7-51所示。

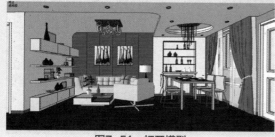

图7-51 打开模型

02 调整场景。执行"窗口"|"默认面板"|"阴

影"命令，在弹出的"阴影"面板中设置参数，将时间设为"08：27"，并单击"显示/隐藏阴影"按钮 开启阴影效果，如图7-52所示。

图7-52 设置阴影

03 将场景调整至合适的角度，并执行"视图"|"动画"|"添加场景"命令，保存当前场景，如图7-53所示。

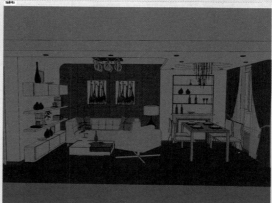

图7-53 添加场景

04 在餐厅每个吊灯球灯中添加泛光灯※。打开"V-Ray资源编辑器"对话框，单击"光源"按钮，切换至光源面板。在光源列表中选择"泛光灯" Omni Light ，在右侧的面板中设置参数，如图7-54所示。

05 用同样的方法，在客厅、餐厅每个顶灯组件中添加泛光灯※，并设置相关参数，如图7-55所示。

06 在客厅台灯中放置一个泛光灯※，并设置相关参数，如图7-56所示，灯光颜色的RGB值为"255，255，202"。

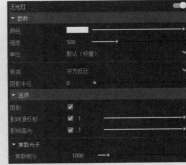

图7-56　为客厅台灯添加泛光灯

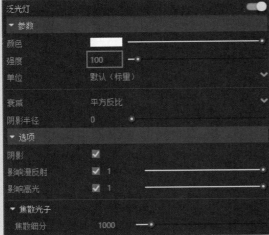

图7-54　为餐厅吊灯添加泛光灯

07 由于场景中亮度不够，需要添加光域网光源以增强场景的亮度，提升室内空间的品质感。首先在客厅、餐厅吊灯上方分别添加4个光域网光源☂，如图7-57所示。

图7-57　添加吊灯上方光域网光源

08 在参数面板中设置相关参数，灯光颜色的RGB值为"255，249，125"，如图7-58所示。

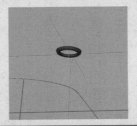

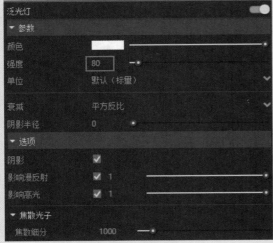

图7-55　设置灯光参数

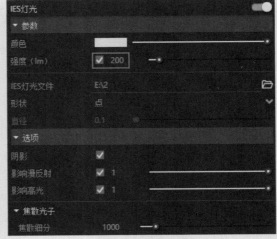

图7-58　设置参数

09 用同样的方法，在客厅沙发、座椅、过道等分别添加光域网光源，并设置相关参数，以增强客厅、餐厅的亮度，如图7-59与图7-60所示。

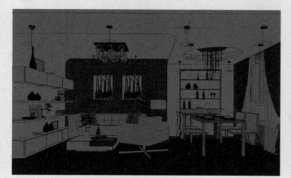

图7-59 添加光域网光源

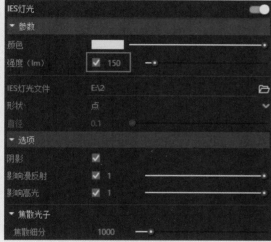

图7-60 设置光域网光源参数

10 在餐厅窗户、厨房门上添加一个矩形灯，如图7-61所示。

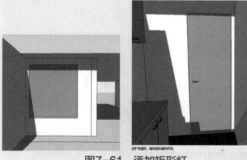

图7-61 添加矩形灯

11 在参数面板中设置相关参数，如图7-62所示。

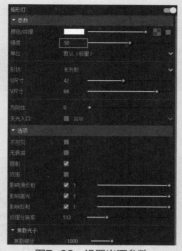

图7-62 设置光源参数

2．设置测试渲染参数

光源设置完毕后，便可以开始测试渲染，看室内空间中亮度是否适宜。在"V-Ray资源编辑器"对话框中单击"设置"按钮🖳，设置测试渲染参数。

01 启用"材质覆盖"卷展栏，将"覆盖颜色"的RGB值设置为"200，200，200"，如图7-63所示。

图7-63 启用"材质覆盖"卷展栏

02 在"抗锯齿过滤"卷展栏下，设置"尺寸/类型"为"Catmull Rom算法"，如图7-64所示。

图7-64 设置抗锯齿类型

03 打开"渲染输出"卷展栏，选择"长宽比"为"自定义"，设置"宽度"为600，"高度"为375，并设置渲染文件保存的路径，如图7-65所示。

图7-65 设置"渲染输出"参数

④ 在"色彩映射"展卷栏中设置参数，如图7-66所示。

图7-66　设置"色彩映射"参数

⑤ 在"灯光缓存"卷展栏中设置"细分值"为200，如图7-67所示。

图7-67　设置"灯光缓存"参数

⑥ 测试渲染参数设置完成后，单击"开始渲染"按钮，开始渲染场景，渲染完成后的效果如图7-68所示。

图7-68　测试渲染效果图

◎提示·◦

很多情况下，一次测试渲染是不够的，需要多次测试渲染以达到最好的效果。

7.2.2　设置材质参数

灯光效果设置完成后，便可以设置场景中材质的参数，营造空间的真实感。

① 在V-Ray for SketchUp工具栏中单击"资源编辑器"按钮，打开"V-Ray资源编辑器"对话框。使用"材质"面板上的吸管工具去吸取餐厅吊灯的材质，如图7-69所示，此时可以快速地在"V-Ray资源编辑器"的材质列表中找到相应的材质。

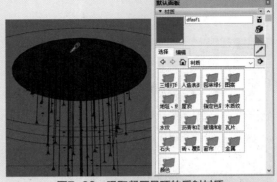

图7-69　吸取餐厅吊顶的反射材质

② 在右侧的参数面板中设置"反射光泽度"为0.9，勾选"菲涅耳"选项，并设置相应参数，如图7-70所示。

图7-70　设置餐厅吊顶材质参数

③ 用同样的方法设置客厅吊顶材质参数。使用吸管工具吸取材质，如图7-71所示。在"V-Ray资源编辑器"对话框中的材质列表找到对应的材质，在右侧的参数面板中将"反射"颜色的RGB值设置为"139，139，139"，其余参数设置如图7-72所示。

图7-71　吸取客厅吊顶材质

图7-72 设置客厅吊顶材质参数

04 用同样的方法设置地板材质参数。使用吸管工具🖊吸取材质，在"V-Ray资源编辑器"对话框中的材质列表找到对应的材质，在右侧的参数面板中设置"反射光泽度"参数值，勾选"菲涅耳"选项。在"漫反射"的"颜色"通道中添加位图，其余参数设置如图7-73所示。

05 用同样的方法设置客厅墙面木纹材质参数。使用吸管工具🖊吸取材质，在"V-Ray资源编辑器"对话框中的材质列表找到对应的材质，在右侧的参数面板中设置"反射光泽度"参数值，勾选"菲涅耳"选项。在"漫反射"的"颜色"通道中添加位图，其余参数设置如图7-74所示。

图7-73 设置地板材质参数

图7-74 设置客厅墙面材质参数

06 用同样的方法设置客厅沙发皮革材质参数。使用吸管工具 🖋 吸取材质，在"V-Ray资源编辑器"对话框中的材质列表找到对应的材质，在右侧的参数面板中设置"反射光泽度"参数值，勾选"菲涅耳"选项。将漫反射颜色RGB值设置为"230，230，230"，并在"漫反射"的"颜色"通道中添加位图，如图7-75所示。

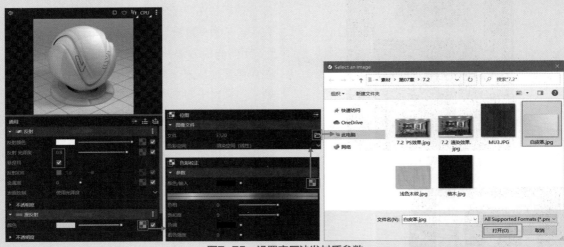

图7-75 设置客厅沙发材质参数

07 用同样的方法设置客厅台灯茶几材质参数。使用吸管工具 🖋 吸取材质，在"V-Ray资源编辑器"对话框中的材质列表找到对应的材质，在右侧的参数面板中设置"反射光泽度"参数值，勾选"菲涅耳"选项。将漫反射颜色RGB值设置为"206，166，104"，并在"漫反射"的"颜色"通道中添加位图，如图7-76所示。

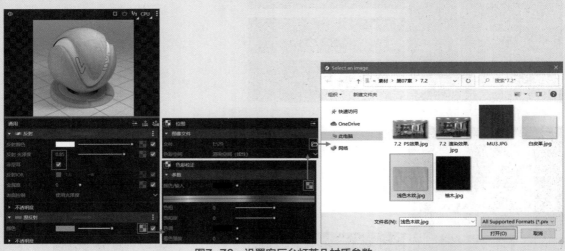

图7-76 设置客厅台灯茶几材质参数

◎提示·◦

　　如果想营造更为逼真的效果，需对场景材质进行更为细化的设置，但这样对渲染速度有一定的影响。

7.2.3 设置最终渲染参数

　　调整完成场景中主要的材质参数后，便可以开始设置最终渲染参数，并执行渲染命令进行最终效果的渲染。为了得到高质量的渲染图，参数的设置都尽量求得精准，所以渲染时间也会较长。

01 在V-Ray for SketchUp工具栏中单击"资源编辑器"按钮✅,打开"V-Ray资源编辑器"对话框。单击"设置"按钮🔳,在"环境"卷展栏下设置参数,如图7-77所示。

图7-77 设置"环境"参数

02 在"抗锯齿过滤"卷展栏下,设置"尺寸/类型"为"区域",细分值设置为8,如图7-78所示。

图7-78 设置"抗锯齿过滤"参数

03 打开"色彩映射"卷展栏,将"高光混合"值设置为0.8,如图7-79所示。

图7-79 设置"色彩映射"参数

04 打开"渲染输出"卷展栏,选择"长宽比"为"自定义",设置"高度"为3000,"宽度"为1875,并设置渲染文件路径,如图7-80所示。

图7-80 设置输出参数

05 在"全局照明"卷展栏中设置"主引擎"为"发光贴图","二级引擎"为"灯光缓存",如图7-81所示。

图7-81 设置"全局照明"参数

06 在"发光贴图"卷展栏中设置"最小比率"为-4,"最大比率"为-1,"颜色阈值"为0.3,如图7-82所示。

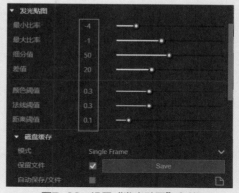

图7-82 设置"发光贴图"参数

07 在"灯光缓存"卷展栏中设置"细分值"为500,"回折"为4,如图7-83所示。

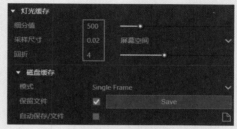

图7-83 设置"灯光缓存"参数

08 设置完成后,单击"开始渲染"按钮📷,开始渲染场景,最终渲染效果如图7-84所示。

图7-84 最终渲染效果

7.3 SketchUp导入功能

SketchUp通过导入功能,可以很好地与AutoCAD、3ds Max、Photoshop等常用图形图像软件进行紧密协作。本章详细介绍SketchUp与几种常用软件的链接,以及不同格式文件的导入操作。

7.3.1 导入AutoCAD文件

作为方案推敲工具，SketchUp支持方案设计的全过程。粗略抽象的概念设计是重要的，但精确的图纸也同样重要。因此，SketchUp一开始就支持AutoCAD的DWG/DXF格式文件的导入和导出。如图7-85与图7-86所示为通过导入AutoCAD制作出的高精确、高细节的三维模型。

图7-85　导入AutoCAD图纸

图7-86　在SketchUp中制作细节模型

7.3.2 实例——绘制教师公寓墙体

下面通过实例介绍将AutoCAD图纸导入到SketchUp场景中并创建教师公寓的方法。

01 执行"文件"｜"导入"命令，如图7-87所示。

02 在弹出的"导入"对话框中，选择配套资源中的"绘制教师公寓墙体.dwg"素材文件，如图7-88所示。

图7-87　执行"导入"命令

图7-88　选择文件

03 单击"导入"对话框中的"选项"按钮，设置单位为"毫米"，如图7-89所示。

04 根据要求设置完参数后，单击"导入"按钮即可导入文件。文件成功导入后，弹出"导入结果"对话框，如图7-90所示。

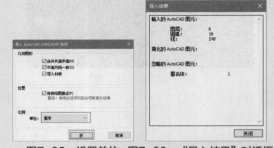

图7-89　设置单位　图7-90　"导入结果"对话框

05 单击"导入结果"对话框中的"关闭"按钮，即可将DWG文件导入到SketchUp中，结果如图7-91所示。

图7-91 导入效果

图7-92 生成面域

06 选择导入的CAD文件，单击"生成面域"插件按钮 ♀，即可将线段封成面域，并激活"矩形"工具 ▣绘制辅助地面，结果如图7-92所示。

07 封面完成后，激活"推/拉"工具 ◈，将教师公寓的墙体向上推拉3000mm，如图7-93所示。

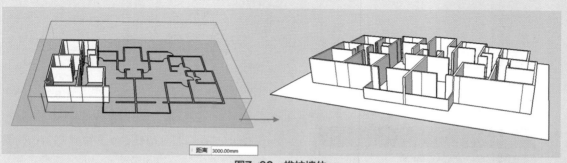

距离 3000.00mm

图7-93 推拉墙体

7.3.3 实例——导入3ds文件

SketchUp支持3ds格式的三维文件导入，下面通过实例介绍导入3ds文件的方法。

01 执行"文件"｜"导入"命令，如图7-94所示。

图7-94 执行"导入"命令

02 在弹出的"导入"对话框中选择3ds文件，如图7-95所示。

图7-95 选择3ds文件

03 在"导入"对话框中单击"选项"按钮，打开"3DS 导入选项"对话框，如图7-96所示。

04 根据要求在"3DS 导入选项"对话框中设置参数，单击"好"按钮返回"导入"对话框，单击"导入"按钮，即可进行导入，如图7-97与图7-98所示。

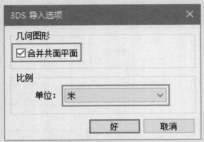

图7-96 "3DS导入选项"对话框

图7-97 单击"导入"按钮

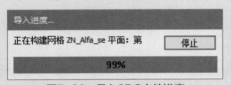

图7-98 导入3DS文件进度

05 文件成功导入后的效果如图7-99所示。

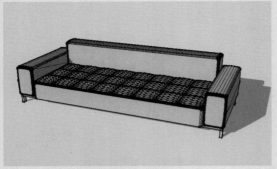

图7-99 导入完成

> ◎提示·
>
> 　　3ds Max中的模型线条导入SketchUp中后会十分粗糙,需要进行"软化/平滑边线"操作。

7.3.4 实例——导入二维图像

　　在SketchUp中,常常需要将二维图像导入场景中作为场景底图,再在底图上进行描绘,将其还原为三维模型。SketchUp允许导入的二维图像文件包括JPG、PNG、TGA、BMP和TIF格式。

　　下面通过实例介绍导入二维图像的方法。

01 执行"文件"│"导入"命令,如图7-100所示。

图7-100 执行"导入"命令

02 弹出"导入"对话框,在文件类型下拉列表中可以选择多种二维图像格式,通常选择"全部支持类型"选项,如图7-101所示。

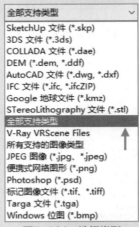

图7-101 选择类型

03 选择类型后,在"导入"对话框的下方选择"图像"选项,如图7-102所示。

04 双击目标图片文件,或单击"导入"按钮,如图7-103所示,然后将图像文件放置于原点附近并单击,如图7-104所示。

中文版SketchUp草图绘制技术精粹(第2版)

图7-102　选择"图像"选项

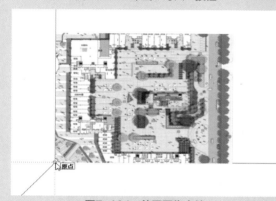

图7-103　单击"导入"按钮

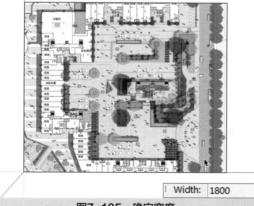

图7-104　放置图像文件

05 此时拖动鼠标光标可以调整导入图像文件的宽度、高度，或在"数值"输入框中输入精确的数值，按Enter键确定，如图7-105所示。

Width: 1800

图7-105　确定宽度

06 二维图像放置完成后，即可作为参考底图，用于SketchUp辅助建模，如图7-106所示。

在平面上

图7-106　利用导入图片进行捕捉

◎提示•⌐

1. 导入二维图像后将自动成组，编辑前要先分解。右击，在弹出的快捷菜单中选择"分解"选项即可。

2. 导入图像文件的宽高比在默认情况下将保持原有比例，如图7-107所示。在对宽高比进行调整时，可以通过借助Shift键对图像文件进行等比调整，如图7-108所示。如果按Ctrl键，则平面中心将与放置点自动对齐，如图7-109所示。

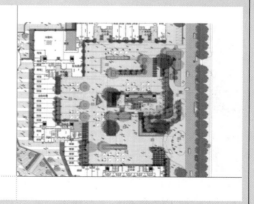

图7-107　生成平面

◎提示·○

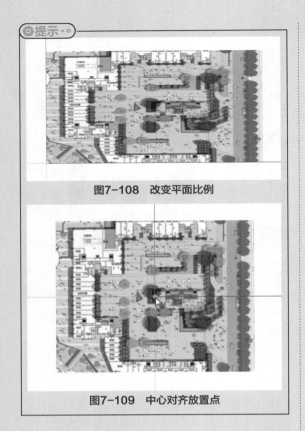

图7-108 改变平面比例

图7-109 中心对齐放置点

7.4 SketchUp导出功能

SketchUp属于初步设计阶段常使用的三维软件，在设计过程中常常需要结合其他软件，进一步修改SketchUp模型。同时，将SketchUp中创建的模型导入其他软件中也可以为设计创作提供很大方便，更清晰地展示设计方案。

7.4.1 导出AutoCAD文件

SketchUp可以将场景内的三维模型以DWG/DXF两种格式导出为AutoCAD可用文件。

执行"文件"|"导出"|"二维图形"命令，在弹出的"输出二维图形"对话框中单击"选项"按钮，在弹出的"DWG/DXF输出选项"对话框中对输出文件进行参数设置，如图7-110与图7-111所示。

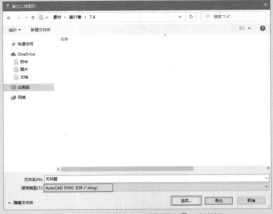

图7-110 "输出二维图形"对话框

图7-111 设置参数

"DWG/DXF输出选项"对话框介绍如下。

AutoCAD版本：用于设置导出CAD图像的软件版本。

图纸比例与大小：用于设置绘图区比例与尺寸大小，包含以下三个子选项。

■ 全尺寸：选择此项后将按照真实尺寸大小导出图形。

■ 在图纸中/在模型中：分别表示导出时的拉伸比例。在透视图模式下有两项不能定义，即使在平行投影模式下，也只有在表面法线垂直视图时才能定义。

■ 宽度/高度：用于定义导出图形的宽度、高度。

轮廓线：用于设置模型中轮廓线选项，包括以下五个子选项。

■ 无：选择此项后，将会导出正常的线条，而非在屏幕中显示的特殊效果，一般情况下，SketchUp的轮廓线导出后都是较粗的线条。

- 有宽度的折线：选择此项后导出的轮廓线将以多段线在CAD中显示。
- 宽线图元：选择此项后，导出的剖面线为粗线实体，只有对AutoCAD 2000以上版本有效。
- 在图层上分离：用于导出专门的轮廓线图层，以便进行设置和修改。
- 宽度：用于设置线段的宽度。

剖切线：与"轮廓线"选项类似。

延长线：用于设置模型中延长线选项，包括以下两个子选项。

- 显示延长线：选择此项后，导出的图像中将显示延长线。因为延长线对CAD的捕捉参考系统有影响，一般情况下不选择此项。
- 长度：用于设置延长线的长度。

7.4.2 实例——导出AutoCAD图形

下面通过实例介绍导出AutoCAD图形的方法。

01 打开配套资源中的"7.4.2导出AutoCAD图形.skp"素材文件，这是一个景观天桥模型，如图7-112所示。

图7-112 景观天桥模型

02 执行"相机"|"平行投影"命令，如图7-113所示。

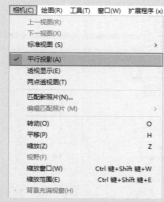

图7-113 执行"平行投影"命令

03 执行上述操作后，将视图模式切换为平行投影下的前视图模式，如图7-114所示。

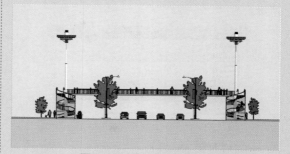

图7-114 切换前视图模式

04 执行"文件"|"导出"|"二维图形"命令，如图7-115所示。

图7-115 执行"二维图形"命令

05 在"输出二维图形"对话框中选择文件类型为"AutoCAD DWG 文件（*.dwg）"，单击"选项"按钮，如图7-116所示。

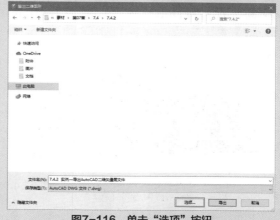

图7-116 单击"选项"按钮

06 打开"DWG/DFX输出选项"对话框,根据导出要求设置参数,单击"好"按钮,如图7-117所示。

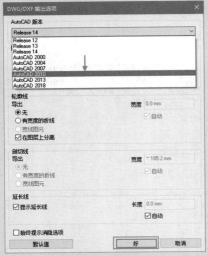

图7-117　设置参数

07 在保存路径中找到导出的DWG文件,即可使用AutoCAD打开与查看,如图7-118所示。

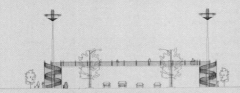

图7-118　导出DWG文件的效果

7.4.3　实例——导出DWG图形

下面通过实例介绍导出DWG图形的方法。

01 打开配套资源中的"7.4.3导出DWG图形.skp"素材文件,如图7-119所示。

图7-119　打开模型

02 执行"文件"|"导出"|"二维图形"命令,如图7-120所示。

图7-120　执行"二维图形"命令

03 打开"输出二维图形"对话框,选择文件类型为"AutoCAD DWG 文件(*.dwg)",单击"选项"按钮,如图7-121所示。

图7-121　选择格式

04 打开"DWG/DFX输出选项"对话框,根据导出要求设置参数,单击"好"按钮,如图7-122所示。

图7-122　设置参数

⑤ 在"输出二维图形"对话框单击"导出"按钮，即可导出DWG文件，结果如图7-123所示。

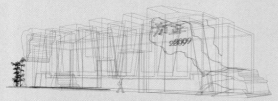

图7-123 导出DWG文件的效果

7.4.4 导出常用三维文件

SketchUp除了可以导出DWG文件格式外，还可以导出3DS、OBJ、WRL、XSI等常用三维格式文件。3DS格式支持SketchUp输出的材质、贴图和相机，比DWG格式更能完美地转换模型。

执行"文件"｜"导出"｜"三维模型"命令，在弹出的"输出模型"对话框中单击"选项"按钮，即可在弹出的"3DS导出选项"对话框中对输出文件进行参数设置，如图7-124与图7-125所示。

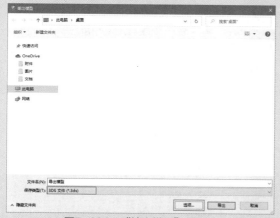

图7-124 "输出模型"对话框

图7-125 设置导出参数

"3DS导出选项"对话框包括4个设置选项，具体内容如下。

几何图形：用于设置导出模式，包含以下4个子命令：

■ 导出：
➢ "Full hierarchy"完整层次结构：用于将SketchUp模型文件组或组件的层级关系导出。导出时只有最高层次的组或组件会转化为物体。也就是说，嵌套的组或组件将转换为一个物体。
➢ "By tag"按图层：用于将SketchUp模型文件按同一图层上的物体导出。
➢ "By material"按材质：用于将SketchUp模型按材质贴图导出。
➢ "Single object"单个对象：用于将SketchUp中模型导出为已命名文件，在大型场景模型中应用较多，例如导出一个城市规划效果图中的某单体建筑物。

■ 仅导出当前选择的内容：选择该选项将只导出当前选中的实体模型。

■ 导出两边的平面：选择该选项后将激活下面的"材质"和"几何图形"两个选项。

■ 导出独立的边线：用于创建细长的矩形来模拟边线。因为独立边线是大部分3D程序所没有的功能，所以无法经由3DS格式直接转换。

"材质"用于激活3DS材质定义中的双面标记。

■ 导出纹理映射：用于导出模型中的贴图材质。

■ 保留纹理坐标：用于在导出3DS文件后不改变贴图坐标。

■ 固定顶点：用于保持对齐贴图坐标与平面视图。

相机：选择"从页面生成相机"选项后将保存、创建当前视图为镜头。

比例：用于指定导出模型使用的比例单位，一般情况下使用"米"。

7.4.5 实例——导出三维文件

下面通过实例介绍导出三维文件实例。

① 打开配套资源中的"7.4.5导出三维文件.skp"素材文件，如图7-126所示。该场景为一个高层楼房建筑模型。

② 执行"文件"｜"导出"｜"三维模型"命令，如图7-127所示。

图7-126　打开场景模型

图7-127　执行"三维模型"命令

03　在"输出模型"对话框中选择文件类型为"3DS文件（*.3ds）"，单击"选项"按钮，如图7-128所示。

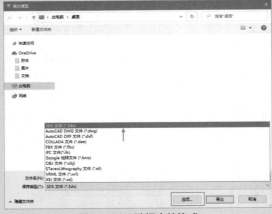

图7-128　选择文件格式

04　在弹出的"3DS导出选项"对话框中根据要求设置参数，如图7-129所示。

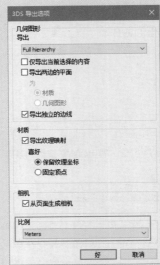

图7-129　设置导出参数

05　在"输出模型"对话框中单击"导出"按钮即可进行导出，导出进度如图7-130所示。

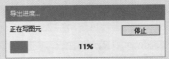

图7-130　3DS文件导出进度

06　成功导出3DS文件后，SketchUp将弹出如图7-131所示的"3DS导出结果"对话框，显示相关信息。

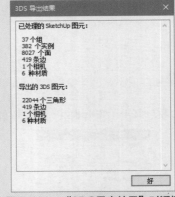

图7-131　"3DS导出结果"对话框

07　在保存路径中找到导出的3DS文件，即可在3ds Max应用程序中查看，如图7-132所示。

08　导出的3DS文件不但有完整的模型文件，还创建了对应的摄影机，调整构图比例进行默认渲染，渲染效果如图7-133所示，可以看到模型相当完好。

中文版SketchUp草图绘制技术精粹（第2版）

图7-132 打开导出的3DS文件

图7-133 3DS文件默认渲染效果

7.4.6 导出二维图像文件

在进行方案初步设计阶段，设计师与甲方需要进行方案的沟通与交流，把SketchUp三维模型导成JPG格式文件为其沟通提供了方便。SketchUp支持导出的二维图像文件格式有JPG、BMP、TGA、TIF、PNG等图像格式。

通过执行"文件"|"导出"|"二维图形"命令，在弹出的"输出二维图形"对话框中单击"选项"按钮，即可在弹出的"输出选项"对话框中设置输出文件的参数，如图7-134与图7-135所示。

图7-134 "输出二维图形"对话框

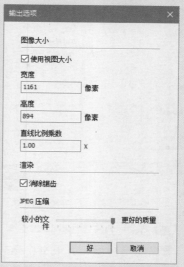

图7-135 "输出选项"对话框

"输出选项"对话框介绍如下。

使用视图大小：默认状况下该参数被选择，此时导出的二维图像的尺寸大小等同于当前视图窗口的大小。取消选择该项，则可以自定义图像尺寸。

渲染：选择"消除锯齿"选项后，SketchUp将对图像进行平滑处理，从而减少图像中的线条锯齿，同时需要更多的导出时间。

JPEG压缩：通过拖动滑块可以控制导出的JPG文件的质量，越往右质量越高，导出时间越多，图像效果越理想。

7.4.7 实例——导出二维图像文件

下面通过实例介绍导出二维图像文件的方法。

01 打开配套资源中的"7.4.7导出二维图像文件.skp"素材文件，如图7-136所示为一个室外场景模型。

图7-136 打开场景

02 执行"文件"|"导出"|"二维图形"命令，如图7-137所示。

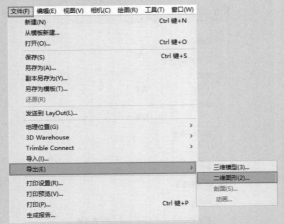
图7-137 执行"二维图形"命令

03 在"输出二维图形"对话框中选择文件类型为"JPEG图像（*.jpg）"，单击"选项"按钮，如图7-138所示，弹出"输出选项"对话框。

图7-138 选择文件类型

04 在"输出选项"对话框中设置图像尺寸，如图7-139所示。

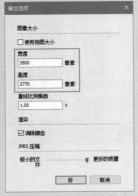
图7-139 设置参数

05 在"输出二维图形"对话框中单击"导出"按钮，即可将SketchUp当前视图效果导出为JPG文件，如图7-140所示。

图7-140 导出的JPG文件

7.4.8 导出二维剖面文件

执行"文件"｜"导出"｜"剖面"命令，可以将SketchUp中的截面图形导出为可以在AutoCAD中使用的DWG/DXF格式文件，从而在AutoCAD中加工成施工图图纸。

在场景中添加一个剖面，并执行"文件"｜"导出"｜"剖面"命令，在弹出的"输出二维剖面"对话框中单击"选项"按钮，即可在弹出的"DWG/DXF输出选项"对话框中设置输出文件的参数，如图7-141与图7-142所示。

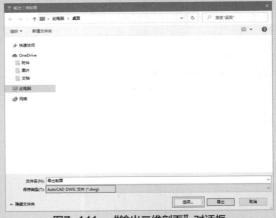
图7-141 "输出二维剖面"对话框

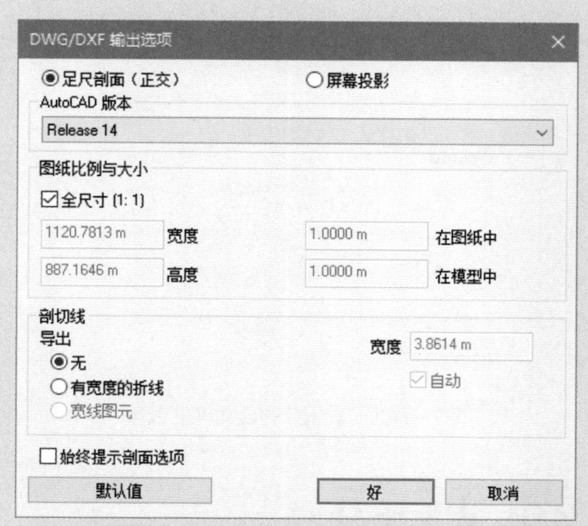

图7-142 "DWG/DXF输出选项"对话框

"DWG/DXF输出选项"对话框各项参数含义如下。

足尺剖面（正交）：默认该参数被选择，此时无论视图中模型有多么倾斜，导出的DWG图纸均以截面切片的正交视图为参考，该文件在AutoCAD中可用于加工出施工图，以及其他精确可测的图纸。

屏幕投影：选择该参数后，导出的DWG图纸将以屏幕上看到的剖面视图为参考，该种情况下导出的DWG图纸会保留透视的角度，因此其尺寸将失去价值。

AutoCAD版本：根据当前使用的AutoCAD版本选择对应的版本号。

图纸比例与大小：用于设置图纸尺寸，包含以下5个子命令。

■ 全尺寸（1：1）：默认该参数为勾选状态，导出的DWG图纸中尺寸大小与当前模型尺寸一致。取消该项参数的勾选，可以通过其下的参数进行比例缩放以及自定义设置。

■ 在模型中/在图纸中："在模型中"与"在图纸中"的比例是图形在导出时的缩放比例。可以指定图形的缩放比例，使之符合建筑惯例。

■ 宽度/高度：用于设置输出图纸的尺寸大小。

剖切线：用于设置导出的剖切线，包含以下3子命令。

■ 导出：该参数用于选择是否将截面线同时输出在DWG图纸内，默认选择"无"选项，此时将不导出截面线。

■ 有宽度的折线：选择该选项，截面线将导出为多段线实体，取消其后的"自动"复选框的勾选，可自定义线段宽度。

■ 宽线图元：选择该选项，截面线将导出为粗实线实体，此外该选项只有在高于R14以上的AutoCAD版本中才有效。

始终提示剖面选项：默认情况下不选择该项，因此每次导出DWG文件时需要打开该对话框进行设置。如果选择该项，则SketchUp将以上次导出的参数输出DWG文件。

7.4.9 实例——导出二维剖切文件

下面通过实例介绍导出二维剖切文件的方法。

01 打开配套资源中的"7.4.9导出二维剖切文件.skp"素材文件，这是一个小区规划模型，如图7-143所示。

图7-143 打开模型

02 激活"剖切面"工具 ⊕，在水平方向对模型进行剖切，如图7-144所示。

图7-144 添加剖切面

03 执行"文件"｜"导出"｜"剖面"命令，打开"输出二维剖面"对话框，将"保存类型"设置为"AutoCAD DWG File（*.dwg）"，如图7-145与图7-146所示。

04 在"输出二维剖面"对话框中单击"选项"按钮，打开"DWG/DXF输出选项"对话框，设置相关参数如图7-147所示，单击"好"按钮。

05 在"输出二维剖面"对话框中单击"导出"按钮，即可导出DWG文件，结果如图7-148所示。

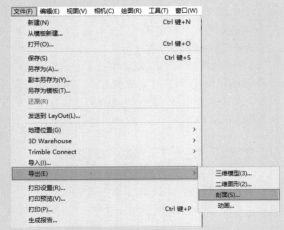

图7-145 执行"剖面"命令

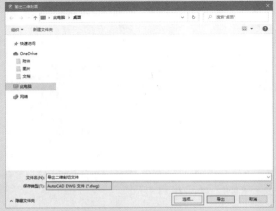

图7-146 选择文件类型

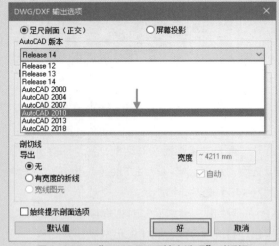

图7-147 "DWG/DXF输出选项"对话框

图7-148 导出DWG文件的效果

7.5 课后练习

7.5.1 渲染主卧场景

　　本小节通过渲染如图7-149所示主卧场景,练习V-Ray for SketchUp工具栏中工具的使用。

图7-149 主卧渲染效果

　　提示步骤如下。

01 执行"窗口"|"默认面板"|"窗口"命令,在弹出的"阴影设置"面板中设置参数,如图7-150所示。

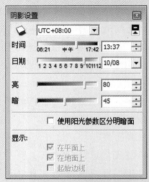

图7-150 设置阴影

02 执行"视图"|"动画"|"添加场景"命令，添加场景，如图7-151所示。

图7-151　添加场景

03 在主卧图框表示的地方添加"泛光灯" ※，然后在吊顶上方添加"IES灯" ↑，再在窗户添加一个"矩形灯" ▽，并对光源参数进行编辑，如图7-152～图7-154所示。

图7-153　添加IES灯光

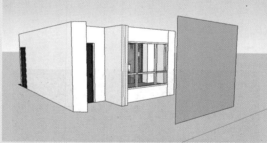

图7-152　添加泛光灯

图7-154　添加矩形灯

04 在V-Ray for SketchUp工具栏中单击"V-Ray资源编辑器"按钮 ✅，在"V-Ray资源编辑器"对话框中设置吊顶、地板、床、柜子等材质参数（在此不对地板材质进行详细讲解），如图7-155所示。

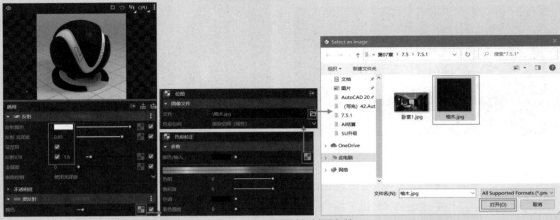

图7-155 设置地板材质参数

05 在"V-Ray资源编辑器"对话框的工具栏中单击"设置"按钮 ，设置最终渲染参数。接着单击"渲染"按钮 渲染场景，渲染结果如图7-149所示。

7.5.2 导出夜景图片

本小节通过导出如图7-156所示夜景图片，练习"文件"|"导出"命令的使用方法。

图7-156 夜景图片

提示步骤如下。

01 打开模型，如图7-157所示为一个室外夜景模型。

图7-157 打开场景

02 执行"文件"|"导出"|"二维图形"命令，如图7-158所示，导出如图7-156所示的二维图形。

图7-158 执行"二维图形"命令

第8章
创建基本建筑模型练习

基本的建筑模型，如门窗、桌椅、墙体、屋顶等是构筑一个大场景的基础。设计师有时网站下载的模型与设计的理念大相径庭，很难运用到设计方案中，所以有时需要自己制作模型。

本章将讲解一些基本建筑模型的创建方法，使用户更加理解SketchUp各项命令的操作方式，并且知道如何使用SketchUp创建各类模型。

8.1 绘制楼梯施工剖面图

本实例利用SketchUp制作楼梯施工剖面图，如图8-1所示。

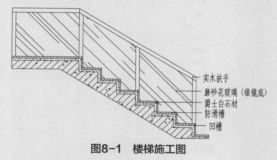

图8-1 楼梯施工图

8.1.1 导入CAD文件

01 打开CAD文件，删除填充图层，将所有图元归到"图层0"，并输入"PU"清理命令，清理图形文件，整理结果如图8-2所示。

图8-2 整理CAD文件

02 启动SketchUp，执行"文件"|"导入"命令，如图8-3所示。

图8-3 执行"导入"命令

03 在弹出的"导入"对话框中，选择AutoCAD文件，单击"选项"按钮，如图8-4所示，弹出"导入"对话框。

图8-4 "导入"对话框

04 将单位改为"毫米"（同CAD中的单位一致），如图8-5所示。在"导入"对话框中单击"导入"按钮即可导入文件。

图8-5 设置单位

8.1.2 构建楼梯模型

01 在SketchUp中导入CAD文件后的结果如图8-6所示。

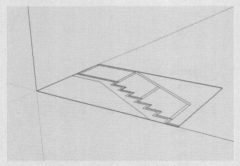

图8-6 导入CAD文件的效果

02 选择楼梯图形，激活"旋转"工具 ◙，待光标变成 ◙ 时拖动光标确定旋转平面，然后在模型表面确定旋转轴心与方向，将楼梯图形旋转90°，并将其移动至原点，如图8-7所示。

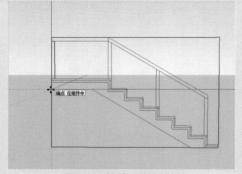

图8-7 旋转、移动图形

03 激活"直线"工具 ✎，封面生成面域，并将其创建成群组，然后选择组，使用Ctrl+C组合键进行复制，如图8-8所示。

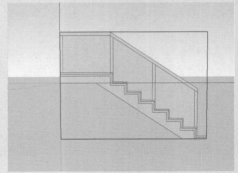

图8-8 生成面域

04 将原楼梯面隐藏，并执行"编辑"|"定点粘贴"命令，如图8-9所示。

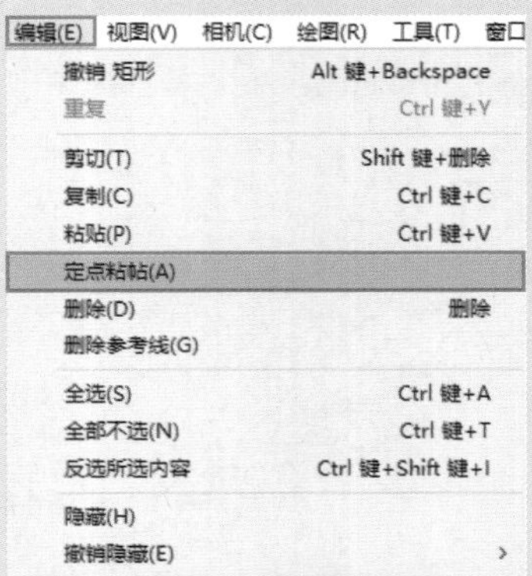

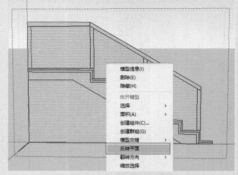

图8-9 执行"定点粘贴"命令

05 双击进入楼梯组件并选择楼梯面，右击，在弹出的快捷菜单中选择"反转平面"选项，将楼梯面进行翻转，如图8-10所示。

图8-10 选择"反转平面"选项

06 利用"擦除"工具 ✐，将楼梯的细节部分删除，整理结果如图8-11所示。

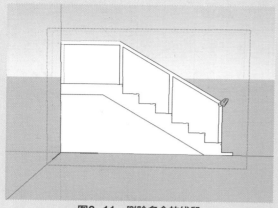

图8-11　删除多余的线段

⑦ 激活"推/拉"工具 ◈，将楼梯面向两边推出一定距离，如图8-12所示。

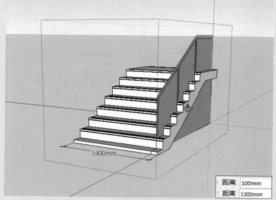

图8-12　推出楼梯面

⑧ 重复执行操作，按住Ctrl键将楼梯栏杆向右推出50mm，如图8-13所示。

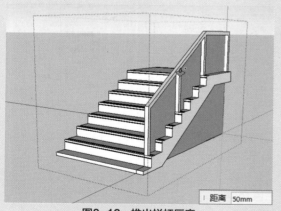

图8-13　推出栏杆厚度

⑨ 选择栏杆，右击，在弹出的快捷菜单中选择"反转平面"选项，将其反转至正面，然后激活"推/拉"工具 ◈，将玻璃面向内推出20mm，如

图8-14所示。

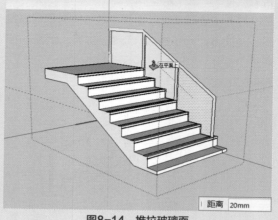

图8-14　推拉玻璃面

⑩ 重复命令操作，按住Ctrl键将另一侧玻璃面向外推拉10mm，并删除多余的面，如图8-15所示。

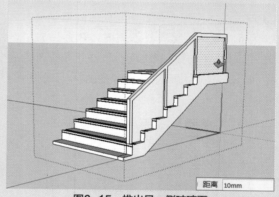

图8-15　推出另一侧玻璃面

⑪ 切换至前视图，并激活"剖切面"工具 ⊕，在如图8-16所示的位置创建剖面，剖切栏杆。

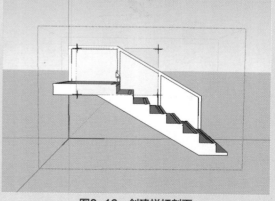

图8-16　创建栏杆剖面

第8章　创建基本建筑模型练习

⑫ 在视图空白处单击，退出组件的编辑状态。执行"窗口"|"默认面板"|"管理目录"命令，打开"管理目录"面板，单击组名称前的按钮 ○，按钮显示为 ● 后取消隐藏群组，如图8-17所示。

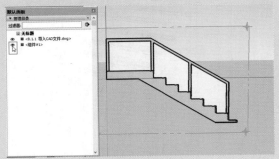

图8-17　显示另一群组

8.1.3　铺贴施工图材质

① 双击进入刚显示的群组，此时外框显示为虚线状态。激活"材质"工具 ✍，在弹出的"材质"面板中单击倒三角按钮 ∨，在下拉列表中选择"图案"类型，显示各种类型的图案，如图8-18所示。

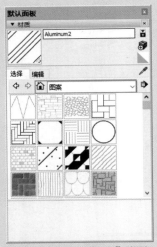

图8-18　选择"图案"类型

② 选择"夯实粘土"材质 ✍，并填充楼梯底板面，并调整其纹理大小为80mm，如图8-19所示。

③ 选择"混凝土浇筑"材质，并填充至砂浆混凝土层，如图8-20所示。

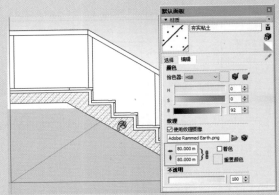

图8-19　为楼梯底板填充材质

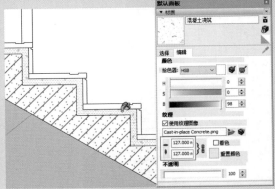

图8-20　为砂浆混凝土层填充材质

④ 选择"钢铁"材质 ✍，并填充至栏杆，如图8-21所示。

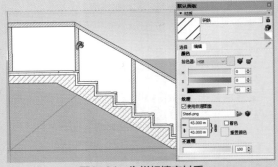

图8-21　为栏杆填充材质

⑤ 选择"网纹板"材质 ✍，并填充至台阶面，如图8-22所示。

⑥ 选择"铝"材质 ✍，并填充至玻璃面，如图8-23所示。

⑦ 选择玻璃面，右击，在弹出的快捷菜单中选择"纹理"|"位置"选项，进入纹理编辑状态，通过右键关联菜单中的"旋转"子菜单，快

速对当前纹理进行90°旋转，如图8-24所示。

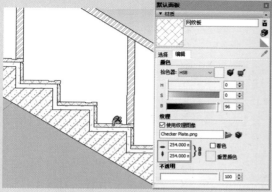

图8-22　为台阶面填充材质

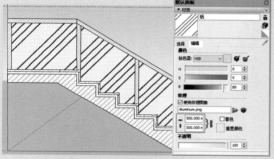

图8-23　为玻璃面填充材质

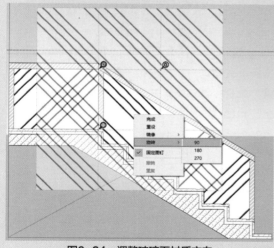

图8-24　调整玻璃面材质方向

⑧ 使用"材质"工具 ✎ 并配合Alt键，然后单击刚调整方向的玻璃面，进行材质取样，接着单击其余玻璃材质表面，将取样的材质赋予表面上，如图8-25所示。

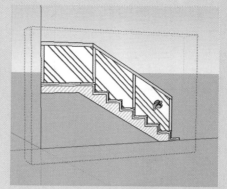

图8-25　赋予其余玻璃材质

⑨ 单击视图空白处退出群组。然后单击"显示剖切面"按钮 ✎ ，关闭截面显示，并将视图转换成平行投影下的后视图，即可得到如图8-26所示的楼梯剖面图。

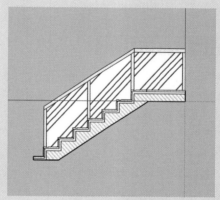

图8-26　楼梯剖面图

⑩ 双击楼梯模型组件，再次单击"显示剖切面"按钮 ✎ ，打开截面显示，在截平面上右击，在弹出的快捷菜单中选择"翻转"选项，即可同时观察楼梯模型与施工图剖面，如图8-27所示。

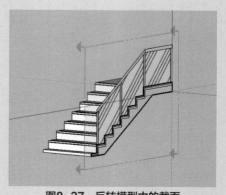

图8-27　反转模型中的截面

8.2 绘制特色茶几

茶几是室内中经常使用到的模型，本节将讲解如图8-28所示的木制特色茶几的制作方法。制作茶几模型分为创建模型以及填充材质两个阶段。

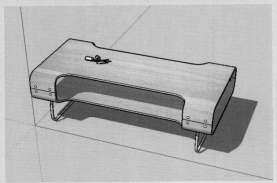

图8-28 特色茶几

8.2.1 创建茶几模型

通过简单的分析，可以将茶几模型分为茶几桌面与茶几支架两个部分，因此创建模型分两个步骤进行。

1. 绘制茶几桌面

① 打开SketchUp软件后，激活"矩形"工具 ▤，绘制一个1180mm×600mm的矩形。并使用"推/拉"工具 ◆ 推拉出200mm的高度，如图8-29所示。

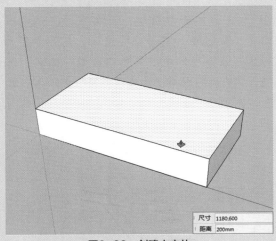

图8-29 创建立方体

② 利用"圆弧"工具 ⌒，在矩形的四个角，绘制桌面的弧形轮廓，圆弧半径为55mm，如图8-30所示。

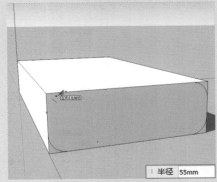

图8-30 绘制弧形轮廓

③ 激活"推/拉"工具 ◆，推空立方体的四个直角，使得桌角边缘呈圆滑状态，如图8-31所示。

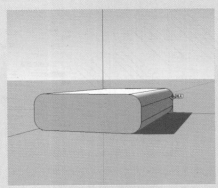

图8-31 推拉结果

④ 创建组件，并柔化表面。使用Ctrl+A组合键选择所有物体，执行右键关联菜单中的"创建群组"命令。再双击打开群组，激活"擦除"工具 ✐，并按住Ctrl键，将其多余线条进行柔化，如图8-32所示。

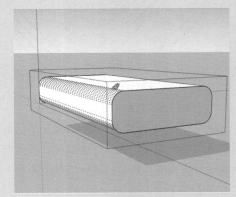

图8-32 创建群组并柔化边线

⑤ 利用"偏移"工具 ⌐，向内偏移12mm，表示茶几木板的厚度，如图8-33所示。

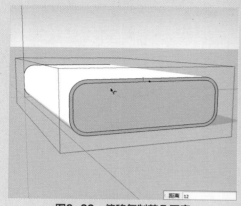

图8-33 偏移复制茶几厚度

06 激活"推/拉"工具 ➤，推空茶几内部，如图8-34所示。

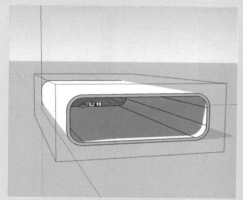

图8-34 推空茶几内部

07 运用"擦除"工具 ✐，并按住Ctrl键选择线条将内表面柔化。然后激活"矩形"工具 ▤，绘制830mm×300mm的辅助矩形。激活"圆弧"工具 ◠，绘制半径为55mm的圆弧，如图8-35所示。

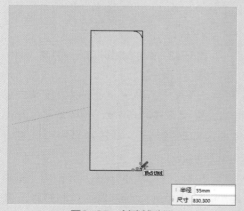

图8-35 创建辅助面

08 激活"推/拉"工具 ➤，将辅助平面推出一

定高度，并执行右键关联菜单中的"创建群组"命令，将其创建为群组。然后使用"移动"工具 ✛ 将其对齐至茶几桌面一边的中心，如图8-36所示。

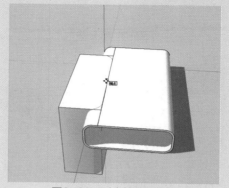

图8-36 对齐辅助几何体

09 重复操作，沿绿轴移动复制一个辅助几何体。激活"缩放"工具 ▣，选择中心面将辅助几何体镜像复制，如图8-37所示。

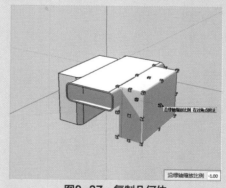

图8-37 复制几何体

10 单击"实体"工具栏中的"减去"按钮 ▣，减去多余物体。分别以两个辅助几何体为第一个实体，茶几桌面为第二个实体，结果如图8-38所示。

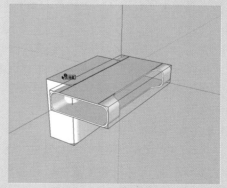

图8-38 减去辅助几何体

第8章 创建基本建筑模型练习

187

⑪ 激活"直线"工具 ✏、"圆"工具 ●，在桌面一角绘制桌面分界线，并绘制4个对称半径为8mm的铆钉，如图8-39所示。

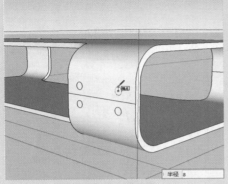

图8-39 绘制铆钉

⑫ 绘制固定铆钉的钉架。使用"矩形"工具 ▣ 绘制120mm×13mm的矩形，使用"直线"工具 ✏ 绘制中心线，使用"圆"工具 ● 绘制半径为3mm的圆。并使用"推/拉"工具 ◆ 推出1.5mm厚度，如图8-40所示。

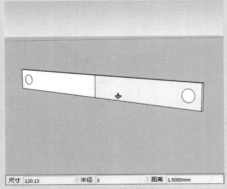

图8-40 绘制钉架

⑬ 选择"旋转"工具 ↻，按住Ctrl键，将钉架旋转复制，旋转十字钉架至水平状态，如图8-41所示。

⑭ 激活"直线"工具 ✏，绘制一条茶几内面切割线。再使用"移动"工具 ❖，移动十字钉架中心到切割线的中点，并选择十字钉架与铆钉，如图8-42所示。

⑮ 在茶几面上绘制一条中心辅助线，激活"旋转"工具 ↻，按住Ctrl键将选中物体旋转180°，即可完成铆钉和十字钉架的复制，如图8-43所示。

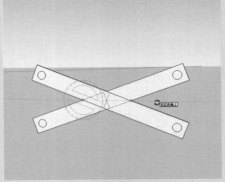

图8-41 旋转复制钉架

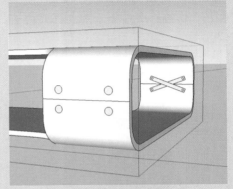

图8-42 移动到相应的位置

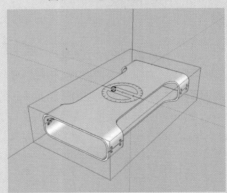

图8-43 旋转复制铆钉和十字钉架

2. 绘制茶几支架

① 利用"卷尺"工具 ◢，绘制茶几支架位置的辅助线，横向偏移406mm，竖向偏移60mm，整体向内移动96mm，并移动至中心位置，如图8-44所示。

② 将茶几桌面向上移动7mm，并使用"矩形"工具 ▣ 以辅助线的交点为端点绘制矩形。激活"圆弧"工具 ◠，绘制半径为58mm的圆角，如图8-45所示。

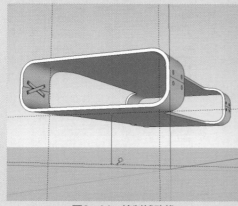

图8-44 绘制辅助线

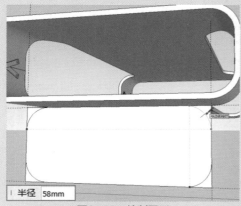

半径 58mm

图8-45 绘制图形

03 删除多余的线条，激活"圆"工具 ●，并捕捉垂直于矩形的面后，绘制一个半径为7mm的圆形，如图8-46所示。

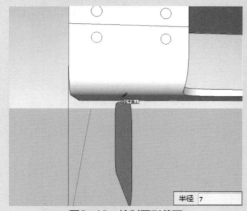

半径 7

图8-46 绘制圆形截面

04 使用"选择"工具 ▶ 选择矩形边线为放样路径，激活"路径跟随"工具 ❧ ，单击圆形截面，圆形截面则会沿矩形边线路径放样生成支架，如图8-47所示。

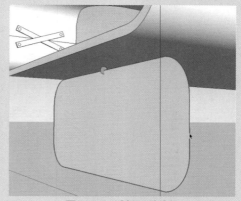

图8-47 选择跟随路径

05 选择支架，激活"擦除"工具 ✐，按住Ctrl键不放，选择线条将其柔化，并删除多余面，如图8-48所示。

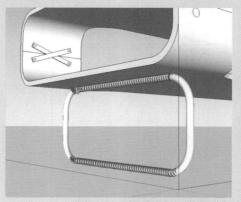

图8-48 柔化支架

06 选择支架，激活"旋转"工具 ❂，将其沿茶几桌面中心旋转复制，如图8-49所示。

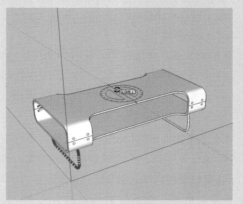

图8-49 旋转复制支架

07 激活"选择"工具 ▶，按住Ctrl键分别在两个支架上面三击鼠标左键，并执行右键关联菜单中的"创建群组"命令，如图8-50所示。

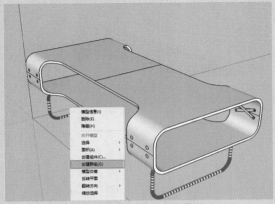

图8-50 执行"创建群组"命令

08 单击"X光透视"按钮 ◇，切换视图模式，删除多余的线条，完善模型，如图8-51所示。

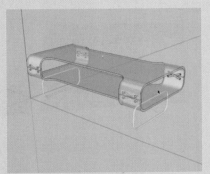

图8-51 完善模型

8.2.2 铺贴材质

由前面创建茶几模型可以分析，茶几有桌面、铆钉以及支架共三类材质，其中桌面的木纹材质不属于SketchUp中自带的材质。为方便填充材质，应先关闭"X光透视"模式。

01 双击进入茶几桌面群组，执行"文件" | "导入"命令，在弹出的"导入"对话框中选择图片，并选择"纹理"选项，如图8-52所示，单击"导入"按钮即可导入图片。

02 此时光标呈"材质"图标 ❀ 显示，木纹材质图片出现在光标处，点选放置材质的位置，拖曳鼠标确定材质的大小，如图8-53所示。

03 铺贴完成后，可以发现当前填充的面已经铺贴上该材质，激活"材质"工具 ❀，按住Alt键吸取木纹材质，然后按住Ctrl键单击填充茶几桌面其他部分的材质，如图8-54所示。

图8-52 导入图片

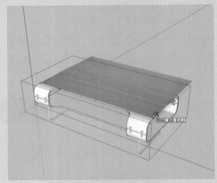

图8-53 缩放材质大小

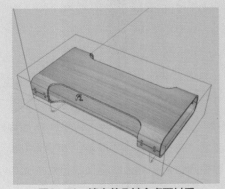

图8-54 填充茶几其余桌面材质

04 单击"X光透视"按钮 ，切换视图模式。选择铆钉与十字钉架，激活"材质"工具 ，在弹出的"材质"面板中通过下拉按钮进入颜色文件夹，并选择该文件夹下的浅灰色材质（颜色M01），单击选中区域，完成铆钉与十字钉架的材质填充，如图8-55所示。

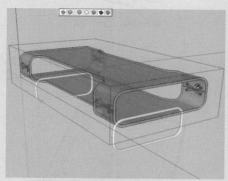

图8-55　填充铆钉、十字钉架材质

05 重复命令操作，在弹出的"材质"面板中通过下拉按钮进入颜色文件夹，并选择该文件夹下的银灰色材质（颜色M02），单击支架群组，即可完成支架的材质填充，如图8-56所示。

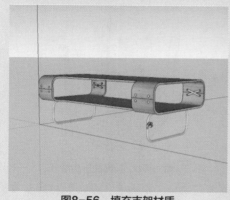

图8-56　填充支架材质

06 最后对材质的颜色进行微调，完成材质的填充，结果如图8-57所示。

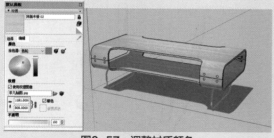

图8-57　调整材质颜色

8.3　制作景观亭子模型

制作如图8-58所示景观亭子模型，将从创建亭子模型以及为亭子填充材质两个步骤由浅入深地进行讲述。

图8-58　景观亭子

8.3.1　创建亭子模型

亭子的模型部分包括基座，梁柱及屋顶，以下分别来制作。

　1. 制作亭子基座

01 激活"矩形"工具 ，绘制一个3000mm×3000mm的正方形，如图8-59所示。

图8-59　绘制正方形

02 利用"偏移"工具 ，将正方形边线向内偏移300mm，如图8-60所示。

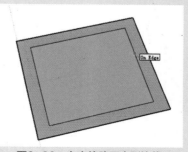

图8-60　向内偏移正方形边线

03 绘制辅助线，激活"直线"工具 ✐，绘制直线连接两个正方形的两边中点，并选择直线，如图8-61所示。

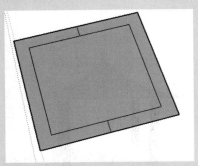

图8-61　绘制辅助线

04 激活"移动"工具 ✥，按住Ctrl键，将两条辅助线往左右两侧复制偏移800mm作为阶梯分界线，删除辅助中线，并双击选择阶梯平面，如图8-62所示。

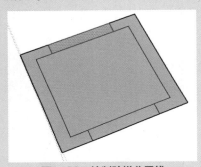

图8-62　绘制阶梯分界线

05 激活"移动"工具 ✥，同时按住Ctrl键将阶梯面往外复制，如图8-63所示。

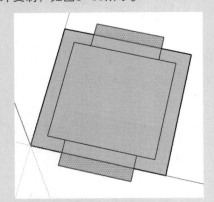

图8-63　复制阶梯面

06 利用"推/拉"工具 ✥，将阶梯依次推拉150mm，亭子基座面推拉至450mm，亭子基座的绘制结果如图8-64所示。

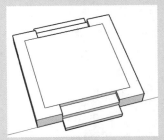

图8-64　推拉效果

2. 制作亭子梁柱

01 绘制柱基。激活"矩形"工具 ▦，绘制四个200mm×200mm的柱基，如图8-65所示。

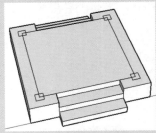

图8-65　绘制柱子基础面

02 将多余线条删除，利用"推/拉"工具 ✥，将柱子向上推拉2200mm，如图8-66所示。

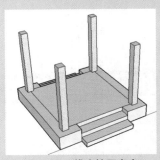

图8-66　推出柱子高度

03 激活"标尺"工具 ✐，在两根对角布置的柱子上绘制横梁位置的辅助线，每根辅助线长度为800mm，如图8-67所示。

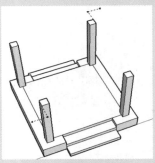

图8-67　绘制辅助线

04 激活"矩形"工具 ▣，以辅助线端点为起点绘制矩形，并使用"偏移"工具 ⊚ 将矩形向内偏移700mm，如图8-68所示。

图8-68 绘制矩形并偏移

05 删除辅助线以及中心的小矩形，激活"推/拉"工具 ◆，将外围向上推拉20mm的高度，再将柱子向上推拉100mm高度，即梁柱基本轮廓绘制结果如图8-69所示。

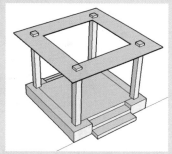

图8-69 推拉模型的结果

3. 制作亭子屋顶

01 激活"矩形"工具 ▣，创建如图8-68所示梁板的外轮廓大小为3400mm×3400mm的矩形。并使用"直线"工具 ✐，连接矩形对角点，以对角线的中心为起点绘制一条高度为1200mm的直线，如图8-70所示。

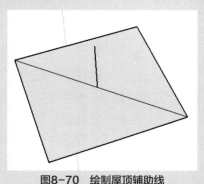

图8-70 绘制屋顶辅助线

02 激活"圆弧"工具 ⊚，以直线的端点为起点，以正方形的一角为终点绘制圆弧，如图8-71所示。

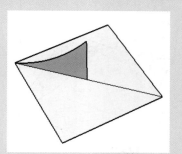

图8-71 绘制屋脊基础线

03 激活"直线"工具 ✐、"圆弧"工具 ⊚，绘制亭子屋顶的翘角辅助线。选择屋脊基础线，并使用"旋转"工具 ⊚，按住Ctrl键，以正方形中心到屋脊翘角为轴旋转90°复制屋脊线，在"数值"输入框中输入复制份数3x，如图8-72所示。

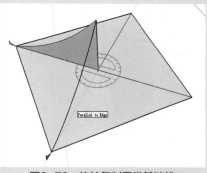

图8-72 旋转复制屋脊基础线

04 激活"圆弧"工具 ⊚，绘制翘角之间的屋檐辅助线，然后激活"旋转"工具 ⊚，使用同样方法复制所有屋檐辅助线，并选择蓝色部分线条，如图8-73所示。

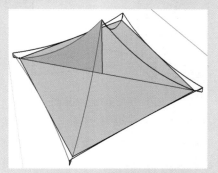

图8-73 绘制屋顶面的边线

05 激活"根据等高线创建"工具 ◈，生成弧形面。再使用"旋转"工具 ⟳，使用同样方法将生成的弧形面旋转复制3份，如图8-74所示。

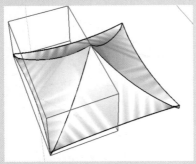

图8-74 生成弧形面

06 选择所有生成的亭顶面，执行右键关联菜单中的"隐藏"命令。并使用"旋转矩形"工具 ▥，在亭子顶面的角上绘制辅助垂直面，双击选择矩形，执行右键关联菜单中的"创建群组"命令，如图8-75所示。

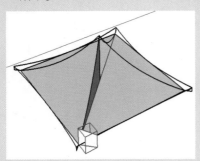

图8-75 绘制辅助面

07 激活"圆形"工具 ●，在垂直辅助面上绘制半径为30mm的圆形截面，如图8-76所示。

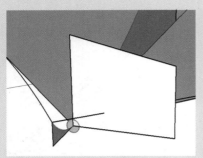

图8-76 绘制圆形截面

08 选择屋脊线与屋脊翘脚线，激活"路径跟随"工具 ⟲，再单击圆形截面，即可放样生成屋脊。删除辅助面，执行"编辑"|"撤销隐藏"|"最后"命令，调整屋脊的位置，并执行

右键关联菜单中的"创建群组"命令，结果如图8-77所示。

图8-77 放样生成屋脊

09 对屋脊进行调整。双击打开屋脊群组，选择屋脊角的圆形面，激活"推/拉"工具 ◈，将其推出100mm，再激活"缩放"工具 ▦，选择斜对角，将面缩小，如图8-78所示。

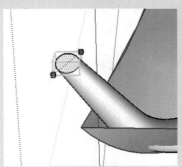

图8-78 将屋脊翘角收口

10 选择屋脊群组，激活"缩放"工具 ▦，选择斜对角，按住Ctrl键执行中心缩放，比例因子为1.02，使屋脊与屋顶面贴合，如图8-79所示。

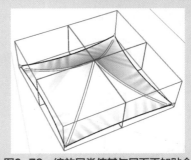

图8-79 缩放屋脊使其与屋面更加贴合

11 将屋顶面与屋脊隐藏，删除多余面及线条。激活"圆形"工具 ●，在屋脊顶端绘制一个水平且半径为120mm的圆，在圆上使用"旋转矩形"工具 ▥绘制一个垂直于圆的辅助面，如图8-80所示。

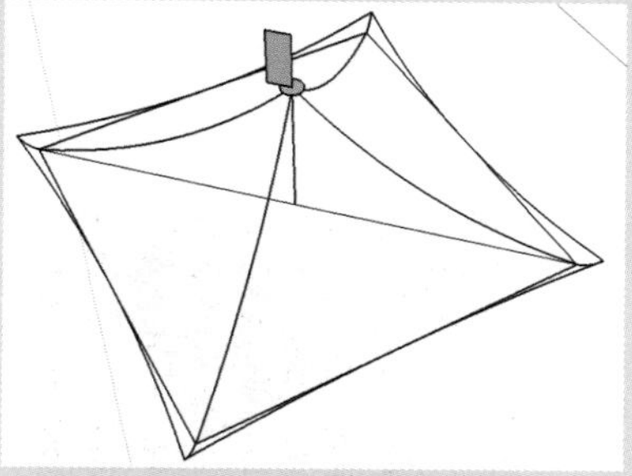

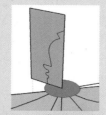

图8-80　创建辅助面

⑫ 在垂直辅助面上，使用“直线”工具绘制宝顶的外侧轮廓线，如图8-81所示。

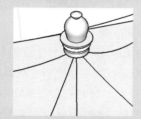

图8-81　绘制宝顶截面轮廓

⑬ 选择圆形的边线，激活“路径跟随”工具，单击绘制的宝顶截面，删除多余面、线，完成宝顶的绘制，并执行右键快捷菜单中的“反转平面”命令，将面翻转成正面，如图8-82所示。

图8-82　路径跟随制作宝顶

⑭ 执行“编辑”|“撤销隐藏”|“全部”命令，将所有隐藏项目打开，如图8-83所示。

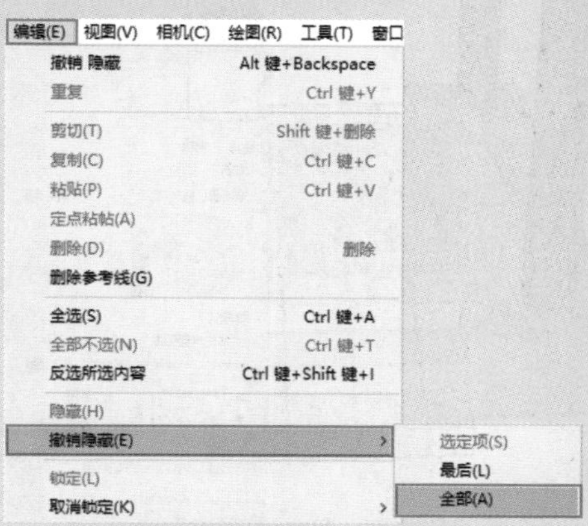

编辑(E)
视图(V)
相机(C)
绘图(R)
工具(T)
窗口
撤销 隐藏
Alt 键+Backspace
重复
Ctrl 键+Y
剪切(T)
Shift 键+删除
复制(C)
Ctrl 键+C
粘贴(P)
Ctrl 键+V
定点粘帖(A)
删除(D)
删除
删除参考线(G)
全选(S)
Ctrl 键+A
全部不选(N)
Ctrl 键+T
反选所选内容
Ctrl 键+Shift 键+I
隐藏(H)
撤销隐藏(E)
选定项(S)
最后(L)
全部(A)
锁定(L)
取消锁定(K)

图8-83　执行“全部”命令

⑮ 将屋顶的元素全部选择，右击，在弹出的快捷菜单中选择“创建组件”选项，如图8-84所示。

模型信息(I)
删除(E)
隐藏(H)
锁定
炸开模型
选择
面积(A)
创建组件(C)...
创建群组(G)
模型交错
反转平面
翻转方向
柔化/平滑边线
缩放选择

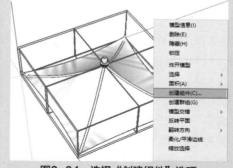

图8-84　选择“创建组件”选项

⑯ 在“创建组件”对话框中，将其命名为屋顶，勾选“用组件替换选择内容”选项，如图8-85所示。

创建组件
常规
定义：
屋顶
描述(E):
对齐
粘接至：
无
设置组件轴
切割开口
总是朝向相机
阴影朝向太阳
高级属性
价格：
输入定义价格
尺寸：
输入定义大小
URL：
输入定义 URL
类型：
用组件替换选择内容
创建
取消

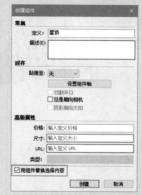

图8-85　“创建组件”对话框

⑰ 至此，屋顶绘制完成，如图8-86所示。

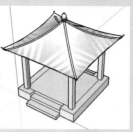

图8-86　绘制结果

8.3.2　铺贴材质

1. 添加材质前的准备

01 对亭子的模型进行整理，清理多余线面，确保所有面都是正面朝外，如图8-86所示。

⓶ 更改模式，单击"样式"工具栏中的"材质贴图"按钮 ◢ ，如图8-87所示。

图8-87　单击按钮

⓷ 挑选合适的材质作为备用，可在网络上搜索下载，也可以用软件本身所带的材质库。

2. 为亭子添加材质

⓵ 首先为亭子顶部添加材质。双击打开屋顶组件，激活"材质"工具 ◢ ，在弹出的"材质"面板中通过下拉按钮进入屋顶材质文件夹，选择该文件夹下"西班牙式瓦屋顶"材质▥，按住Ctrl键对亭顶面进行材质填充，如图8-88所示。

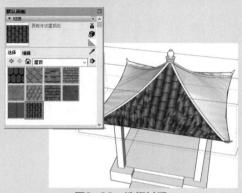

图8-88　选择材质

⓶ 此时发现纹理图像出现明显的错位情况，执行"视图"|"显示隐藏的对象"命令，将物体的网格线显示出来，如图8-89所示。

图8-89　执行"显示隐藏的对象"命令

⓷ 在顶面其中一个分面上右击，然后在弹出的快捷菜单中选择"纹理"|"位置"选项，对其进行重设贴图坐标操作，再次右击，在弹出的快捷菜单中选择"完成"选项，按住Alt键，此时光标变为吸管状态 ◢ ，然后在刚编辑的分面上单击，进行材质取样，接着为顶面的其他分面重新赋予材质，此时贴图没有出现错位现象，如图8-90所示。

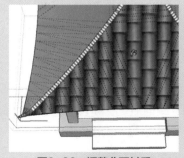

图8-90　调整曲面材质

⓸ 取消选择"显示隐藏的对象"选项，选择合适的材质或颜色为亭子其他部分填充材质，并且补充细节，如图8-91所示。

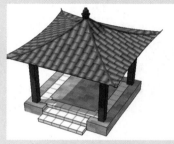

图8-91　为亭子铺贴材质

⓹ 对其中大小、颜色不太合适的材质进行调整。以灰色地面砖为例，选择"材质"面板中的"编辑"选项卡，将长宽改为300mm以调整贴图大小。再选择"着色"选项，将颜色调整到最佳状态，即完成对灰色地面砖的调整，如图8-92所示。

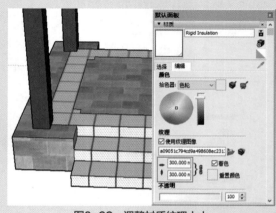

图8-92　调整材质纹理大小

06 将所有材质调整完毕后，导入软件自带的人组件及从网络上下载的桌凳、树木等模型组件，即完成整个景观亭模型的建立过程，如图8-93所示。

图8-93　创建效果

8.4 照片匹配绘制岗亭模型

如图8-94所示，可以观察到该岗亭的形状为四边形，有比较明显的透视关系，可以使用照片匹配模式来绘制模型。

图8-94　岗亭

8.4.1 创建岗亭模型

照片匹配是SketchUp依据导入图片的透视效果，通过匹配透视角度，来创建与建筑物或构筑物的一张或多张照片相匹配的3D模型。此过程最适于制作构筑物（包含表示平行线的部分）的图像模型，如方形窗户的顶部和底部。

当一个模型中有多张匹配的照片时，此时即可执行"相机"|"预览匹配照片"命令，转换到可以同时观察浏览所有匹配图片的模式。并且当前的操作命令自动转换为"环绕观察"，按住鼠标左键或中键，拖动鼠标可以旋转图片。在某张图片上双击，即可转换到某张图片的角度，图片的大小依

据模型中物体的大小而定。图片的边框显示为洋红色，按Enter键，即可进入照片匹配模式修改模型。

1. 将照片添加至模型中

01 打开SketchUp，执行"文件"|"导入"命令，在"导入"对话框中选择照片，并选择"新建照片匹配"选项，如图8-95所示。

图8-95　导入照片

02 单击"导入"按钮，导入图片如图8-96所示。可以观察到视图中分别有两条红色线条、绿色线条以及一个坐标系。其中，红色和绿色线条是以透视线的原理来匹配模型中红轴、绿轴方向的线条，而且可以移动坐标系来调整坐标位置。

图8-96　导入结果

03 首先将坐标轴放置在亭子的左下角，如图8-97所示。

04 移动其中一条红线，使其两端匹配至岗亭左下边线，如图8-98所示。

05 移动第二条红线，使其与岗亭玻璃顶棚的边线匹配，如图8-99所示。

06 将两条绿线分别匹配至岗亭右侧的两条边线，如图8-100所示。

图8-97　移动坐标轴

图8-98　匹配第一条红线

图8-99　匹配第二条红线

图8-100　匹配两条绿线

07 在"照片匹配"面板中单击"完成"按钮，如图8-101所示。更改"间距"大小可以调整模型的大小。

图8-101　"照片匹配"面板

08 调整完成后，如图8-102所示。注意在照片匹配模式下可以执行"平移""缩放"操作，但是不要轻易环绕观察，即不要按住鼠标中键后拖动鼠标，否则会出现如图8-103所示照片消失，切换成普通模式的情况。若要还原照片匹配模式，在左上角单击"岗亭照片"页面即可切换回来。

图8-102　完成照片匹配

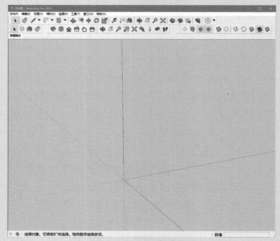

图8-103　切换至普通模式

2. 构建模型

① 激活"矩形"工具 ▦，绘制岗亭的底面，如图8-104所示。

② 利用"推/拉"工具 ◈，推出岗亭的基本高度，如图8-105所示。

图8-104　绘制岗亭底面　　图8-105　推出岗亭高度

③ 单击"样式"工具栏中的"后边线"按钮 ◇，显示模型后边线。选择底面边线，激活"移动"工具 ◈，按住Ctrl键将其向上移动复制至玻璃顶处，如图8-106所示。

④ 激活"偏移"工具 ◐，以上一步骤中移动复制的边线为偏移边线，将其向外偏移至玻璃顶外侧位置，如图8-107所示。

图8-106　复制结果　　图8-107　偏移至玻璃顶外侧位置

⑤ 重复上一步骤的做法，偏移复制左侧面上玻璃门门框的轮廓线，并将门框底边移动到相应位置，如图8-108所示。

⑥ 重复命令操作，再偏移复制另一侧门框的轮廓线，如图8-109所示。

图8-108　偏移复制一侧门框的轮廓线　　图8-109　偏移复制另一侧门框的轮廓线

⑦ 选择岗亭一角的竖直边线，激活"移动"工具 ◈并按住Ctrl键，将其移动至侧面中点，再分别往两侧移动，确定门框的宽度，再删除多余线条，如图8-110所示。

⑧ 通过"选择"工具 ▸与"旋转"工具 ◔的配合选取顶面，激活"偏移"工具 ◐，确定岗亭顶部的宽度，如图8-111所示。

图8-110　确定门框的宽度　　图8-111　确定岗亭顶部的宽度

⑨ 利用"推/拉"工具 ◈，推出岗亭顶部的高度，如图8-112所示。

⑩ 重复以上的操作步骤，完善模型中可见面上的基本形状，并推拉相应的距离，如图8-113所示。

图8-112　推出岗亭顶部的高度　　图8-113　完善基本模型绘制

⑪ 按住鼠标中键，移动鼠标，转换至普通视图模式，如图8-114所示。

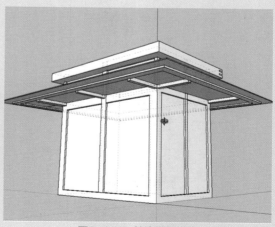

图8-114　转换视图模式

⑫ 在岗亭顶部绘制两个200mm×40mm的矩形截面，并选择岗亭的顶面边线为放样路径，激活"路径跟随"工具 🕑，单击顶部的两个矩形截面，放样后删除多余的部分，创建顶部的凹凸效果，如图8-115所示。

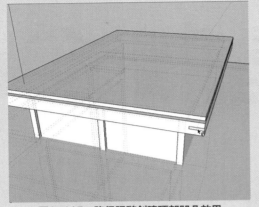

图8-115　路径跟随创建顶部凹凸效果

⑬ 激活"移动"工具 ❖，选择玻璃顶部的矩形支架的边线，将其向内移动，创建坡面效果，如图8-116所示。

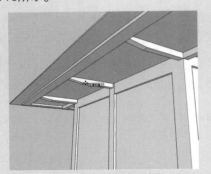

图8-116　创建坡面效果

⑭ 利用"擦除"工具 ✐，删除模型后面两侧的面，如图8-117所示。

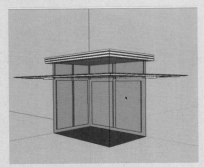

图8-117　删除两个侧面

⑮ 选择已经绘制完成的两个可见侧面，激活"移动"工具 ❖ 并按住Ctrl键，将其移动复制出来，如图8-118所示。

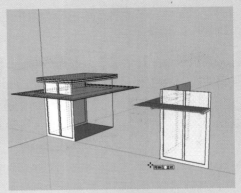

图8-118　复制两个可见侧面

⑯ 激活"缩放"工具 🔲，选择对边中点的控制点，在"数值"输入框中输入缩放倍数"-1，-1"，完成镜像，如图8-119所示。

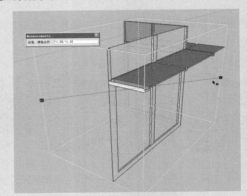

图8-119　镜像模型

⑰ 激活"移动"工具 ❖，移动镜像完成的两个面，拼合成一个完整的岗亭模型，如图8-120所示。

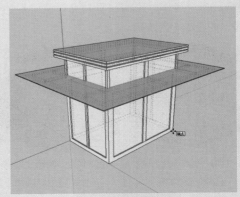

图8-120　合成岗亭

⑱ 绘制岗亭的四个脚。利用"偏移"工具 ⬀ 在底面偏移100mm，复制岗亭脚的外边线。并使用"矩形"工具 ▣ 绘制200mm×200mm的矩形，同时用"推/拉"工具 ⬥ 向下推拉100mm，如图8-121所示。

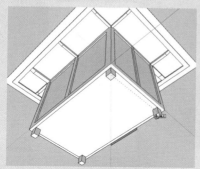

图8-121　绘制岗亭脚

⑲ 单击视图左上角"岗亭照片"页面按钮，打开照片匹配模式，再绘制照片上的地面以及植物绿篱，如图8-122所示。

图8-122　绘制周边环境

⑳ 单击鼠标中键，转换至普通视图模式，并在"样式"工具栏中单击"后边线"按钮 ✎，取消显示后边线。然后选择除岗亭外的所有物体，执行右键关联菜单中的"隐藏"命令，将周边环境隐藏，如图8-123所示。

图8-123　隐藏周边环境

8.4.2　铺贴材质

① 在"岗亭照片"页面标签上右击，在弹出的快捷菜单中选择"编辑照片匹配"选项，如图8-124所示。此时进入最初添加照片匹配的模式，若透视出现错误，或坐标点出现错误，坐标轴位置透视角度都可以再次调整。

图8-124　选择"编辑照片匹配"选项

② 在弹出的"照片匹配"面板中单击"从照片投影纹理"按钮，如图8-125所示。此时弹出提示"是否覆盖现有材质"的对话框与"要部分剪辑可见平面"的对话框，一般情况下都选择"是"选项。

图8-125　单击按钮

③ 完成投影后转动视角切换至普通视图模式，可以观察到模型如图8-126所示，自动为可见面覆盖了相应的材质。

④ 由于是依据照片自动匹配材质，所以看不见的面将不能被填充，出现材质错乱，如图8-127所示。

图8-126　切换视图模式　　**图8-127　出现错误的面**

05 激活"材质"工具 📷，选择灰色材质并设置"不透明"值，填充岗亭中未填充和填充发生错乱的玻璃面，如图8-128所示。

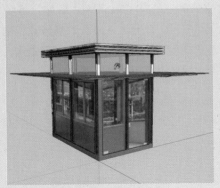

图8-128　填充玻璃面

06 重复操作，选择蓝灰色材质，为岗亭中的边框、支架填充材质，如图8-129所示。

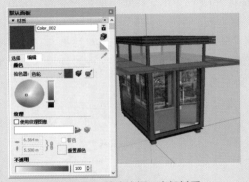

图8-129　填充边框、支架材质

07 执行"编辑"|"撤销隐藏"|"最后"命令，再还原到匹配照片模式，选择周边环境，执行右键关联菜单中的"投影照片"命令，如图8-130所示。

图8-130　执行"投影照片"命令

08 将模型中未填充的区域通过吸取周边的材质并覆盖该区域后，在出现错乱的材质上执行右键关联菜单中的"纹理"|"位置"命令，如图8-131所示。

图8-131　执行"位置"命令

09 将材质移动到合适位置，按Enter键后，完成材质更改，如图8-132与图8-123所示。

图8-132　修改材质贴图　　　图8-133　完成材质更改

10 同样，对于旁边的绿篱也可以吸取正面的材质，再铺贴至背面，并激活"擦除"工具 📷，同时按住Ctrl键将绿篱边线柔化，如图8-134与图8-135所示。

图8-134　吸取前面材质　　　图8-135　铺贴后面材质

11 重复执行右键关联菜单中的"纹理"|"位置"命令，更改模型中发生错乱的材质，完善材质铺贴。打开阴影效果 📷，最终得到如图8-136与图8-137所示的岗亭前面和背面的效果图。

图8-136 岗亭前面效果图　图8-137 岗亭背面效果图

8.5 课后练习

8.5.1 创建廊架

　　本小节通过创建如图8-138所示廊架，练习SketchUp基本绘图工具的使用。通过分析，可以得知廊架由立柱、梁组成。

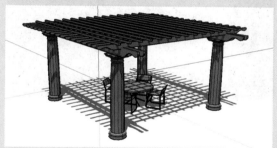

图8-138 廊架效果

　　提示步骤如下。

① 激活"圆"工具 ●、"圆弧"工具 ⁊⊅、"矩形"工具 ▣、"推/拉"工具 ◆、"路径跟随"工具 ℰ、"缩放"工具 ▣、"偏移"工具 ⑦，绘制立柱，并使用"移动"工具 ✥ 将其移动并复制，如图8-139所示。

图8-139 绘制立柱

② 利用"矩形"工具 ▣、"圆弧"工具 ⁊⊅、"推

/拉"工具 ◆，绘制竖向支架，并用"移动"工具 ✥，将其移动复制，如图8-140所示。

图8-140 绘制竖向支架

③ 选择绘制的立柱和竖向支架，激活"移动"工具 ✥，将其移动复制到另一侧，如图8-141所示。

图8-141 移动复制组件

④ 利用"矩形"工具 ▣、"圆弧"工具 ⁊⊅、"推/拉"工具 ◆，绘制横向支架，并使用"移动"工具 ✥，将其移动复制16份，如图8-142所示。

图8-142 绘制横向支架

⑤ 重复命令操作，绘制竖向支架，并导入桌椅组件，结果如图8-138所示。

8.5.2 创建2D树木组件

本小节通过创建如图8-143所示的2D树木组件，练习SketchUp辅助设计工具和导入功能的使用。

图8-143　2D树木组件效果

提示步骤如下。

01 首先将需要绘制的植物图片导入到AutoCAD中，如图8-144所示。

02 通过CAD快速绘制出树木轮廓，如图8-145所示。

03 然后导入SketchUp中进行封面并为其填充材

质，再创建成绕相机旋转的组件即可完成，如图8-143所示。

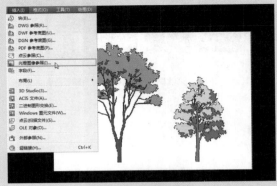

图8-144　插入图片

图8-145　绘制树木轮廓

中文版SketchUp草图绘制技术精粹（第2版）

第9章
综合实例——现代风格客厅与餐厅表现

本章详细介绍创建室内设计效果图的方法，帮助读者了解利用SketchUp辅助室内设计的方法和技巧，包括模型的创建和效果图渲染的整个流程。

室内设计是建筑物内部的环境设计，是以一定建筑空间为基础，运用技术和艺术因素制造的一种人工环境，是一种以追求室内环境多种功能的完美结合，充分满足人们生活，工作中的物质需求和精神需求为目标的设计活动。室内设计强调科学与艺术相结合，强调整体性、系统性特征的设计，是人类社会的居住文化发展到一定文明高度的产物。如图9-1所示为室内设计效果图。

图9-1　室内设计效果图

9.1 导入SketchUp前准备工作

利用SketchUp创建模型前需对CAD文件进行处理、对SketchUp软件进行常规设置。导入SketchUp前的准备工作避免了后来建模时带来的不必要麻烦，使其建模更加快速、便捷。

9.1.1 导入CAD平面图形

CAD图纸中含有大量的图形、图块、标注等信息，这些信息在建模工作中显得累赘，还会增加场景文件的复杂程度，并且会影响软件运行的速度，所以需要整理CAD平面图形。

下面介绍导入CAD平面图形的操作步骤。

01 使用AutoCAD软件打开配套资源中的"9.1室内平面图.dwg"素材文件，如图9-2所示，这是未经任何处理的室内平面布置图。

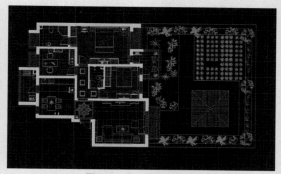

图9-2　打开CAD图形

02 将图中的植物、文字、家具、铺装等信息全部删除，并将门的位置用矩形补齐，将图形全部放置在0图层，使得导入图形尽量精简，如图9-3所示。

03 在命令行中输入PU，执行"清理"命令，弹出如图9-4所示的"清理"对话框，单击"全部清理"按钮，对图中的多余信息进行处理。

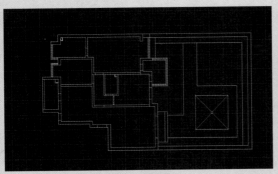

图9-3 精简图形

图9-4 打开"清理"对话框

04 在弹出的"清理-确认清理"对话框中选择"清理此项目"选项,如图9-5所示。

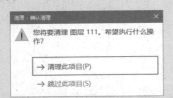

图9-5 选择"清理此项目"选项

05 经过多次清理操作,直到"全部清理"按钮变为灰色才完成图形的清理,如图9-6所示。

图9-6 清理完成

06 用上述方法,将如图9-7所示的顶面布置图进行清理,清理完成后如图9-8所示。

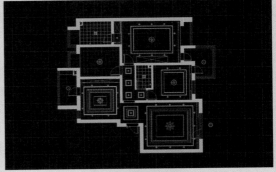

图9-7 顶面布置图

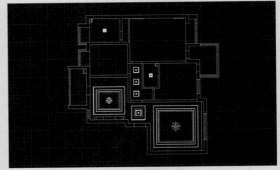

图9-8 精简图形

9.1.2 优化SketchUp模型信息

01 打开SketchUp应用程序,执行"窗口"|"模型信息"命令,在弹出的"模型信息"对话框中选择"单位"选项卡,设置参数如图9-9所示。

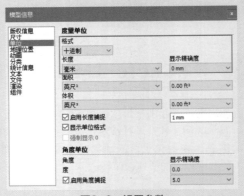

图9-9 设置参数

02 执行"文件"|"导入"命令,如图9-10所示。

文件(F) 编辑(E) 视图(V) 相机(C) 绘图(R) 工具(T) 窗口(W)

新建(N)	Ctrl 键+N
从模板新建...	
打开(O)...	Ctrl 键+O
保存(S)	Ctrl 键+S
另存为(A)...	
副本另存为(Y)...	
另存为模板(T)...	
还原(R)	
发送到 LayOut(L)...	
地理位置(G)	>
3D Warehouse	>
Trimble Connect	>
导入(I)...	
导出(E)	>
打印设置(R)...	
打印预览(V)...	
打印(P)...	Ctrl 键+P
生成报告...	

图9-10　执行"导入"命令

03 在弹出的"导入"对话框中选择CAD文件，如图9-11所示。

图9-11　选择文件

04 单击右下角的"选项"按钮，在打开的"导入AutoCAD DWG/DXF选项"对话框中将单位设置为"毫米"，并选择"保持绘图原点"选项，如图9-12所示，单击"好"按钮。在"导入"对话框中单击"导入"按钮即可将文件导入。

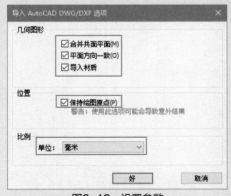

图9-12　设置参数

9.2　在SketchUp中创建模型

做好导入图纸前的准备工作后，便可以开始在SketchUp中创建模型。创建模型时应适当把握方法，以加快模型的创建速度，提高制图的流畅性。

9.2.1　绘制墙体

01 利用"矩形"工具 和"直线"工具 将导入的CAD平面图形进行封面处理，如图9-13所示。

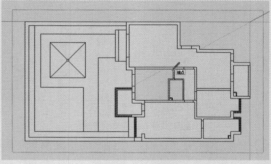

图9-13　封面处理

02 使用Ctrl+A组合键选择整个平面，并右击，在弹出的快捷菜单中选择"反转平面"选项，将所有平面反转，如图9-14所示。

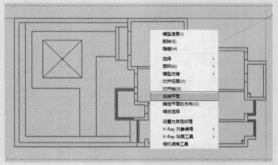

图9-14　选择"反转平面"选项

03 执行"窗口"|"默认面板"|"标记"命令，在弹出的"标记"面板中单击"添加标记"按钮 ，添加名为"墙体""天花板""平面"的标记，如图9-15所示。

04 激活"选择"工具 ，按住Ctrl键进行多选，选中所有墙体平面，包括门窗所在墙体，右击，在弹出的快捷菜单中选择"创建组"选项，将所有墙体平面创建成组，如

图9-16所示。

图9-15　添加标记

图9-16　创建墙体群组

⑤ 在墙体群组上右击，在弹出的快捷菜单中选择"图元信息"选项，在弹出的"图元信息"面板中，将墙体群组所在的"未标记"更换为"墙体"标记，如图9-17所示。

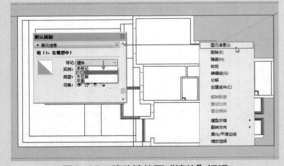

图9-17　移动墙体至"墙体"标记

⑥ 在墙体上双击进入群组，激活"推/拉"工具 ◈ ，将所有墙体面向上推拉2800mm，如图9-18所示。

⑦ 绘制踢脚线。分别激活"视图"工具、"选择"工具 ▸ ，选择所有墙体底面边线，如图9-19所示。

⑧ 激活"移动"工具 ❖ ，按住Ctrl键，将墙体底面边线向上移动复制100mm，如图9-20所示。

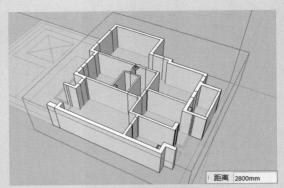

图9-18　推拉墙体高度

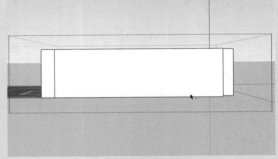

图9-19　选择墙体底面边线

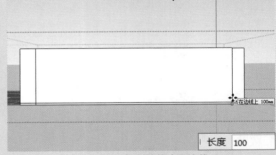

图9-20　复制墙体底面边线

⑨ 绘制门窗洞口。激活"卷尺"工具 ▱ ，在入口处绘制一条距离地面2200mm的辅助线，如图9-21所示。

图9-21　在入口处绘制辅助线

中文版SketchUp草图绘制技术精粹（第2版）

⑩ 结合使用"直线"工具✏与"推/拉"工具◆，制作入户花园的门洞，如图9-22与图9-23所示。

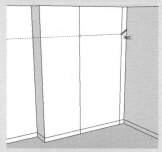

图9-22　绘制直线

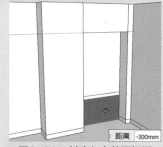

图9-23　创建入户花园门洞

⑪ 使用类似的方法完成客厅窗洞的制作。在距地面100mm处绘制辅助线，如图9-24所示，激活"矩形"工具▤，绘制一个2330mm×2200mm的矩形，如图9-25所示。

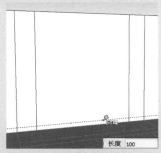

图9-24　绘制客厅窗户辅助线

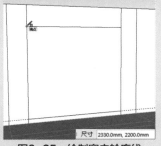

图9-25　绘制窗户轮廓线

⑫ 激活"推/拉"工具◆，将客厅窗户挖空处理，如图9-26所示。

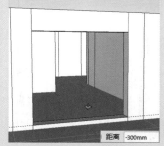

图9-26　创建客厅窗洞

⑬ 绘制餐厅窗洞。在距地面600mm处绘制辅助线，如图9-27所示，激活"矩形"工具▤，绘制一个1500mm×720mm的矩形，如图9-28所示。

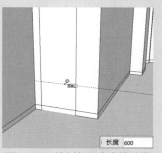

图9-27　绘制餐厅窗户辅助线

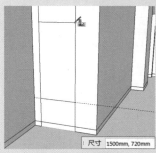

图9-28　绘制窗户轮廓线

⑭ 激活"推/拉"工具◆，将窗户挖空处理，如图9-29所示。

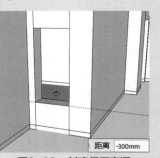

图9-29　创建餐厅窗洞

⑮ 将其余门窗洞口进行同样处理，尺寸与上述门窗洞口的尺寸相同，如图9-30～图9-32所示。

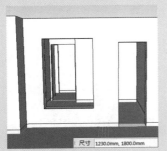
图9-30　创建次卧门窗洞口

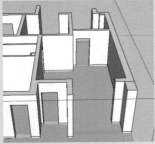
图9-31　创建主卧门洞

图9-32　创建卫生间门洞

⑯ 绘制客厅电视背景墙。利用"卷尺"工具，在距离墙角边线200mm的位置绘制辅助线，然后激活"矩形"工具、"推/拉"工具，绘制长宽为800mm×30mm、高为2480mm的长方体，并将其制作为群组，如图9-33所示。

图9-33　绘制长方体

⑰ 激活"偏移"工具，将矩形平面向内偏移20mm，并使用"推/拉"工具向外推出20mm，如图9-34所示。

图9-34　偏移、推拉矩形

⑱ 用同样的方法继续细化长方体，如图9-35所示。

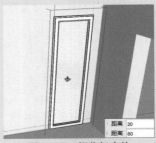
图9-35　细化长方体

⑲ 激活"矩形"工具、"推/拉"工具，绘制长宽为3100mm×10mm、高为2480mm的长方体，并将其制作为群组，如图9-36所示。

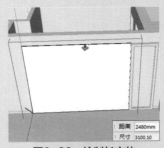
图9-36　绘制长方体

⑳ 绘制电视背景墙装饰。利用"矩形"工具，绘制690mm×420mm的矩形，并使用"圆弧"工具，在矩形的四个角，绘制圆弧轮廓，并将其制作为组件，如图9-37所示。

㉑ 双击进入组件，使用"推/拉"工具将矩形面向外推出8mm，并激活"缩放"工具，按住Ctrl键执行中心缩放操作，比例因子为0.98，如图9-38所示。

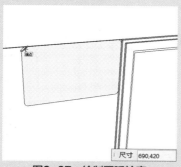

图9-37　绘制圆弧轮廓

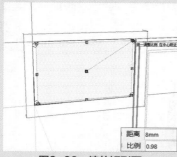

图9-38　缩放矩形面

㉒ 使用同样方法继续细化装饰，并激活"移动"工具✛，将其向下移动60mm，如图9-39所示。

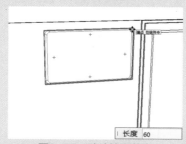

图9-39　移动墙面装饰

㉓ 利用"移动"工具✛，按住Ctrl键，设置间距为480mm，向下移动复制墙面装饰，并在"数值"输入框中输入复制份数4x，如图9-40所示。

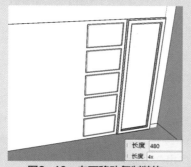

图9-40　向下移动复制装饰

㉔ 激活"移动"工具✛，用相同的方法将复制得到的装饰向左移动复制3份，间距为760mm，如图9-41所示。

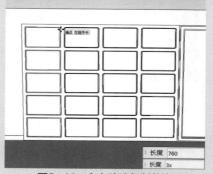

图9-41　向左移动复制装饰

㉕ 再使用"移动"工具✛，用相同的方法将右侧矩形组件移动复制，如图9-42所示。

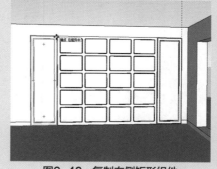

图9-42　复制右侧矩形组件

㉖ 选择所有的电视背景墙组件，右击，在弹出的快捷菜单中选择"创建群组"选项，客厅电视背景墙绘制结果如图9-43所示。

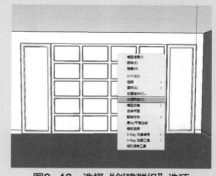

图9-43　选择"创建群组"选项

㉗ 细化客厅墙体。结合"卷尺"工具、"矩形"工具、"推/拉"工具绘制如图9-44所示的墙体，并创建为群组。

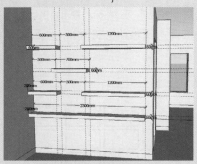

图9-44 细化客厅墙体

28 绘制餐厅酒柜。利用"卷尺"工具 🖉，绘制距墙角边线370mm的辅助线，然后激活"矩形"工具 ▥、"推/拉"工具 ◈，绘制2740mm×120mm×2480mm的长方体，并将其制作为群组，如图9-45所示。

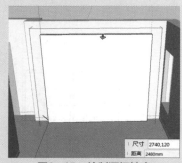

图9-45 绘制酒柜轮廓

29 选择外轮廓面，激活"偏移"工具 🗂，将其向外偏移70mm，用"直线"工具进行完善，并使用"推/拉"工具 ◈，将偏移的面向外推出80mm，如图9-46所示。

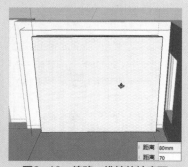

图9-46 偏移、推拉外轮廓面

30 再使用"偏移"工具 🗂，将推拉的面依次向内偏移30mm、180mm、30mm，并使用"推/拉"工具 ◈，将里面的图形向内推拉10mm、195mm，并删除多余的线段，如图9-47所示。

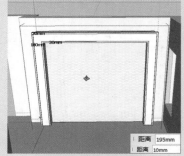

图9-47 偏移、推拉面

31 细分餐厅酒柜。激活"矩形"工具 ▥、"推/拉"工具 ◈，绘制一个600mm×170mm×800mm的长方体，并制作为组件，如图9-48所示。

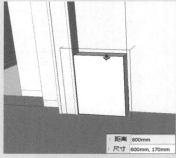

图9-48 绘制小柜子

32 激活"卷尺"工具 🖉，绘制如图9-49所示的辅助线。

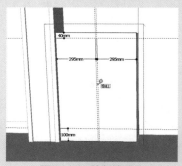

图9-49 绘制辅助线

33 利用"矩形"工具 ▥，以辅助线交点为起点绘制矩形，并使用"推/拉"工具 ◈，分别向外推出10mm、25mm，如图9-50所示。

34 利用"卷尺"工具 🖉，在储物柜的上方绘制距离为360mm的辅助线，并使用"矩形"工具 ▥，绘制10mm×600mm的矩形，将矩形向外推出165mm，并制作为组件，如图9-51所示。

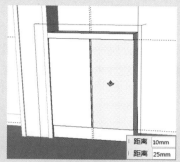

图9-50 编辑图形

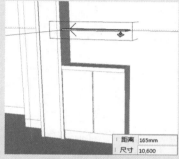

图9-51 细化柜子

㉟ 激活"移动"工具✥，按住Ctrl键，向上移动复制矩形，距离为360mm，并在"数值"输入框中输入复制份数2x，如图9-52所示。

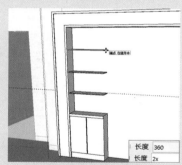

图9-52 移动复制矩形

㊱ 再次激活"移动"工具✥，用相同的方法将前面绘制的模型向右移动复制，如图9-53所示。

图9-53 向右移动复制模型

㊲ 用SketchUp基本绘图工具绘制不规则截面，并使用"矩形"工具绘制2240mm×1200mm的矩形，将矩形面删除留下矩形边线，作为放样路径，如图9-54所示。

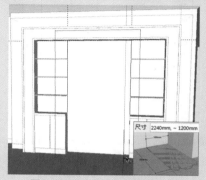

图9-54 绘制截面、放样路径

㊳ 使用"选择"工具选择放样路径，激活"路径跟随"工具✍，单击不规则截面，不规则的面将会沿矩形边线放样生成如图9-55所示的模型，并对其进行柔化处理。

图9-55 启用路径跟随工具

㊴ 激活"矩形"工具▣、"推/拉"工具✥，绘制一个1000mm×170mm×800mm的长方体，并制作为组件，如图9-56所示。

图9-56 绘制中间柜子

40 激活 "卷尺" 工具 ，绘制如图9-57所示的辅助线。

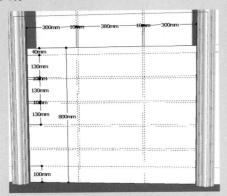

图9-57　绘制辅助线

41 利用 "矩形" 工具 ，以辅助线交点为起点绘制矩形。使用 "推/拉" 工具 ，分别向外推出10mm、25mm，如图9-58所示。

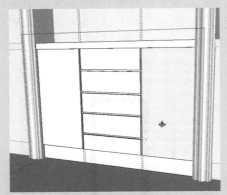

图9-58　细化中间柜子

42 在酒柜中间绘制长方体。利用 "矩形" 工具 、"推/拉" 工具 ，绘制一个1000mm × 110mm × 1340mm的长方体，并制作为组件。餐厅酒柜绘制结果如图9-59所示。

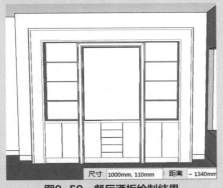

图9-59　餐厅酒柜绘制结果

9.2.2　绘制平面

01 选择墙体群组，右击，在弹出的快捷菜单中选择 "隐藏" 选项，将其隐藏以方便绘制，如图9-60所示。

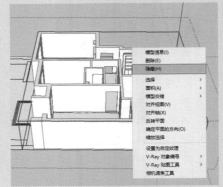

图9-60　选择 "隐藏" 选项

02 选择所有平面，将其创建成组，如图9-61所示。执行右键关联菜单中的 "图元信息" 命令，将平面群组所在 "Layer0" 标记更换为 "平面" 标记，如图9-62所示。

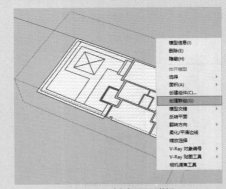

图9-61　创建平面群组

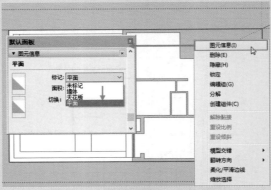

图9-62　更换群组所在的标记

⑬ 整理室外景观。双击进入平面组件，使用"选择"工具选取室外景观平面，并创建为群组。激活"移动"工具 ✛，将室外群组向下移动200mm，如图9-63所示。

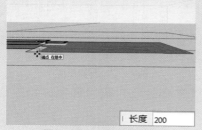

图9-63 移动室外群组

⑭ 双击进入室外群组，选择客厅通往室外台阶并创建为组，激活"推/拉"工具 ◆，将阶梯依次提升150mm，如图9-64所示。

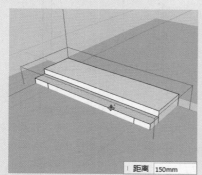

图9-64 推拉室外台阶

⑮ 选择室外围墙平面并将其创建为组，激活"推/拉"工具 ◆，将围墙平面向上推拉2400mm，如图9-65所示。

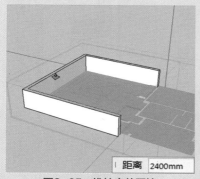

图9-65 推拉室外围墙

⑯ 绘制客厅窗户。执行"编辑"|"撤销隐藏"|"全部"命令，显示墙体群组。激活"旋

转矩形"工具 ▣、"推/拉"工具 ◆，绘制一个2330mm×2200mm×80mm的长方体，并制作为组件。然后激活"偏移"工具 ⁊，将外轮廓面向内偏移60mm，如图9-66所示。

图9-66 绘制窗户轮廓

⑰ 利用"卷尺"工具、"直线"工具，绘制距偏移边线810mm的辅助线。激活"偏移"工具 ⁊，将矩形面向内偏移80mm，如图9-67所示。

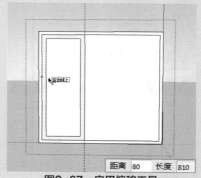

图9-67 启用偏移工具

⑱ 激活"推/拉"工具 ◆，将窗户挖空，并将窗户两侧边线向外推出10mm，如图9-68所示。

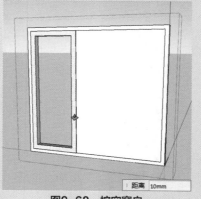

图9-68 挖空窗户

09 利用"卷尺"工具，绘制如图9-69所示辅助线，并用"矩形"工具 ▣ ，以辅助线交点为起点绘制矩形。

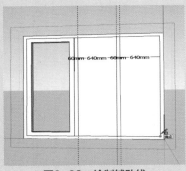

图9-69　绘制辅助线

10 激活"推/拉"工具 ◈ ，将窗户挖空，并移动窗户至合适位置，如图9-70所示。

图9-70　挖空窗户并移动位置

11 绘制客厅窗套。激活"矩形"工具 ▣ ，绘制2300mm×2330mm的矩形，将其制作为组件。使用"偏移"工具 ◈ ，将矩形向外偏移60mm，如图9-71所示。

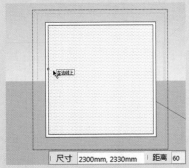

图9-71　绘制窗户套外轮廓

12 利用"直线"工具完善图形，并删除多余的线、面。激活"推/拉"工具 ◈ ，将其向外推出10mm、150mm，如图9-72所示。

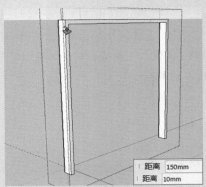

图9-72　创建模型

13 继续完善图形，客厅窗套的绘制结果如图9-73所示。

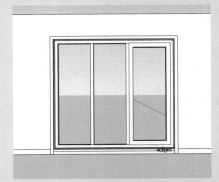

图9-73　客厅窗套的绘制结果

14 执行"文件"|"导入"命令，将餐厅窗户导入并移动至合适位置，结果如图9-74所示。

图9-74　导入餐厅窗户

15 绘制餐厅窗套。运用前面绘制客厅窗套的方法绘制餐厅窗套，在此不再赘述，结果如图9-75与图9-76所示。

16 绘制地板拼贴，利用SketchUp基本绘图工具绘制如图9-77所示的图形。

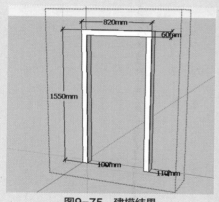

图9-75　建模结果

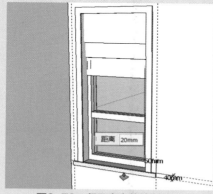

图9-76　餐厅窗套的绘制结果

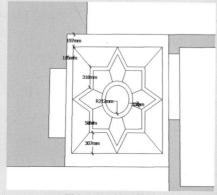

图9-77　地板花样

9.2.3　绘制天花板

01 采用前面9.1.1节导入CAD文件的方法导入顶面布置图，这里不再赘述，并将其所在标记更改为"天花板"标记，如图9-78所示。

02 激活"矩形"工具▣和"直线"工具✐，将导入的CAD平面图进行封面处理，并将平面进行反转，如图9-79所示。

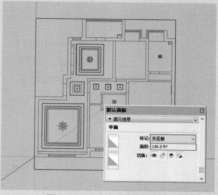

图9-78　导入顶面布置图

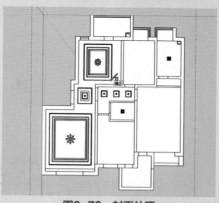

图9-79　封面处理

03 制作客厅、餐厅及过道天花板。将客厅餐厅及过道天花板平面单独创建成组，如图9-80所示。

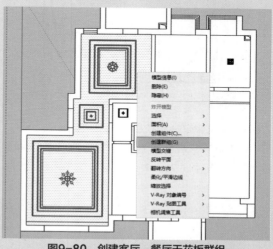

图9-80　创建客厅、餐厅天花板群组

04 双击进入客厅、餐厅及过道天花板群组，激活"推/拉"工具◈，将其顶平面沿着蓝轴方向向下推拉320mm，如图9-81所示。

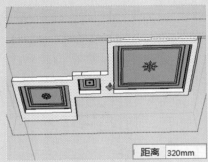

图9-81　推拉天花板厚度

⑤ 再使用"推/拉"工具 ◈，将客厅、餐厅及过道顶平面依次向下推拉260mm、200mm，如图9-82与图9-83所示。

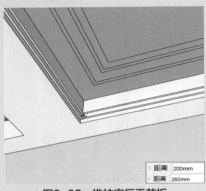

图9-82　推拉客厅天花板

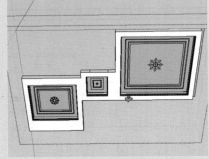

图9-83　推拉餐厅及过道天花板

⑥ 细化客厅天花板。选择客厅其他顶平面并创建为组。双击进入天花板群组，将多余的线段删除，然后激活"偏移"工具 ◷，将客厅顶面向内偏移370mm，将其创建为组件，如图9-84所示。

⑦ 双击进入组件，激活"偏移"工具 ◷，将底面依次向外偏移100mm、50mm，并用"推/拉"工具 ◈，将矩形向下推拉40mm，如图9-85所示。

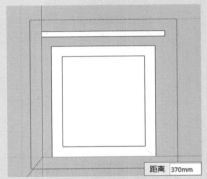

图9-84　偏移客厅顶面

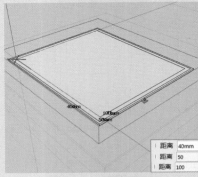

图9-85　分割客厅吊顶

⑧ 激活"推/拉"工具 ◈，将中间矩形向上推拉127mm，并用"偏移"工具 ◷，将顶面矩形向内依次偏移50mm、127mm、273mm、52mm，如图9-86所示。

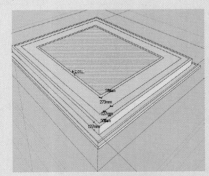

图9-86　启用推拉、偏移工具

⑨ 激活"推/拉"工具 ◈，挖空中间两个矩形并将最里面的矩形底面向上推拉119mm，然后将中间两个矩形框分别创建为组件，如图9-87所示。

⑩ 双击进入正中间矩形框组件，保留顶面边线，将其他线、面删除掉，并用"直线"工具 ✐、"圆弧"工具 ◝绘制如图9-88所示截面。

中文版SketchUp草图绘制技术精粹（第2版）

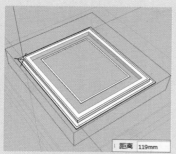

图9-87　创建组件

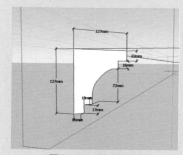

图9-88　绘制截面

⑪ 选择顶面边线，激活"路径跟随"工具 ☞，单击绘制完成的截面，截面则将会沿顶面边线放样生成如图9-89所示的模型，并对其进行柔化处理，即完成细化客厅天花板的绘制。

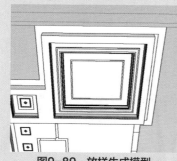

图9-89　放样生成模型

⑫ 用上述相同的方法细化过道天花板，在此不再赘述，如图9-90与图9-91所示。

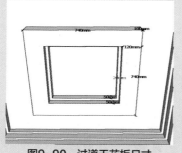

图9-90　过道天花板尺寸

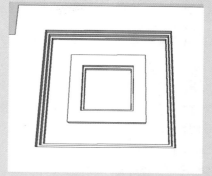

图9-91　过道天花板

⑬ 用上述相同的方法细化餐厅天花板，在此不再赘述，如图9-92与图9-93所示。

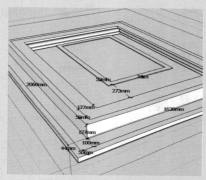

图9-92　餐厅天花板尺寸

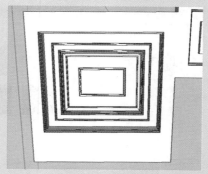

图9-93　餐厅天花板

⑭ 将客厅、餐厅以及过道移动至合适位置，如图9-94所示。

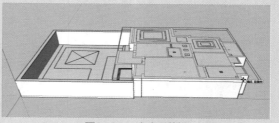

图9-94　移动天花板

9.2.4 赋予材质

01 为客厅、餐厅及过道赋予墙纸。选择天花板群组，执行右键关联菜单中的"隐藏"命令。双击进入墙体群组，激活"材质"工具 🖌️，在弹出的"材质"面板中单击"创建材质"按钮 🎨，如图9-95所示。

02 此时弹出"创建材质"对话框，单击"浏览材质图像文件"按钮 📂，如图9-96所示。

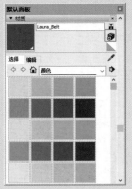 

图9-95 单击按钮 图9-96 "创建材质"对话框

03 在弹出的"选择图像"对话框中选择所需墙纸，单击"打开"按钮，如图9-97所示。

图9-97 "选择图像"对话框

04 接着在弹出的"创建材质"对话框中对纹理大小、颜色进行调整，单击"好"按钮，如图9-98所示。

05 将材质赋予到客厅墙面上，如图9-99所示。

06 按住Alt键，吸取墙体的材质，并为其他相同材质的墙面赋予材质，如图9-100与图9-101所示。

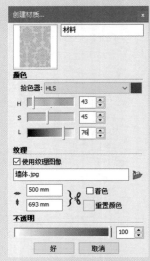

图9-98 设置参数

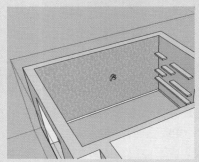

图9-99 赋予客厅墙面材质

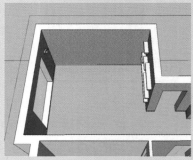

图9-100 赋予客厅其他墙面材质

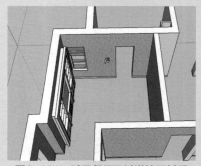

图9-101 赋予餐厅及过道墙面材质

中文版SketchUp草图绘制技术精粹（第2版）

07 用上述方法对踢脚线赋予材质，如图9-102所示。

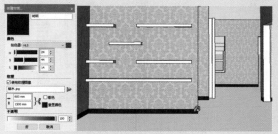

图9-102　赋予踢脚线材质

08 对置物板赋予木材质，参照如图9-103所示材质填充。

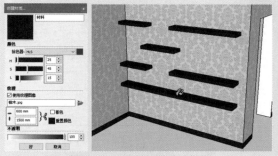

图9-103　赋予置物板材质

09 为客厅电视背景墙赋予材质。为背景墙分别赋予"金属-镜面不锈钢""布""大理石""玻璃-喷砂"材质，如图9-104～图9-107所示。

图9-104　赋予背景墙金属-镜面不锈钢材质

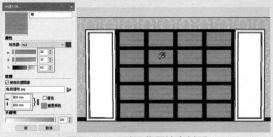

图9-105　赋予背景墙布材质

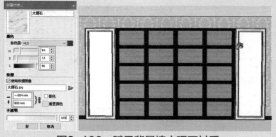

图9-106　赋予背景墙大理石材质

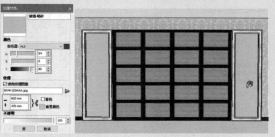

图9-107　赋予背景墙玻璃-喷砂材质

10 为餐厅酒柜赋予材质。用同样的方法，为酒柜分别赋予如图9-108～图9-112所示的材质，有些重复的材质在此不再赘述。

11 为客厅、餐厅窗户赋予材质，结果如图9-113所示。

12 双击进入平面群组，为室内地板赋予材质。与上述创建材质的方法相同，将材质赋予到客厅、餐厅地板上，如图9-114所示。

图9-108　赋予酒柜石材材质

图9-109　赋予酒柜材质

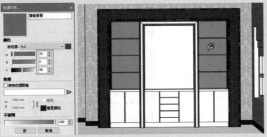

图9-110　赋予酒柜背景材质

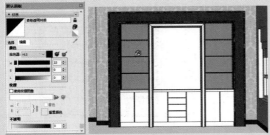

图9-111　赋予酒柜透明材质

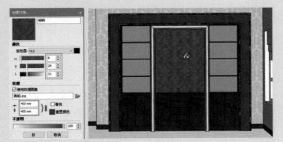

图9-112　赋予酒柜布材质

图9-113　赋予客厅、餐厅窗户材质

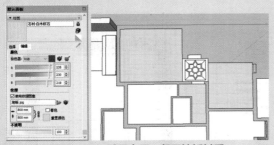

图9-114　赋予客厅、餐厅地板材质

⑬ 用同样的方法，为过道地板赋予材质，有些重复的材质在此不再赘述，如图9-115所示。

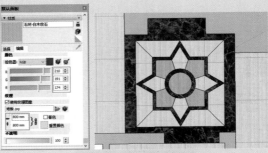

图9-115　赋予过道地板材质

⑭ 为室外园林景观地面赋予材质。将室外地面分别赋予如图9-116所示的材质。

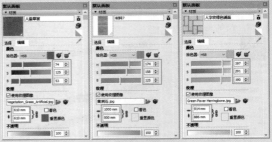

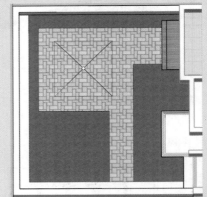

图9-116　赋予室外园林景观地面材质

⑮ 为天花板赋予材质。取消隐藏天花板群组，双击进入天花板群组。激活"材质"工具 ，将室内天花板赋予"石材-白木纹石"材质，如图9-117所示。

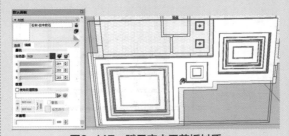

图9-117　赋予室内天花板材质

⑯ 双击进入客厅天花板群组，激活"材质"工具 ◈ ，为天花板中间的平面赋予"玻璃-金镜1"材质，如图9-118所示。

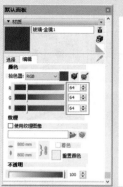

图9-118 赋予客厅天花板玻璃-金镜1材质

⑰ 为客厅、餐厅天花板灯光带赋予材质，材质颜色、效果如图9-119所示。

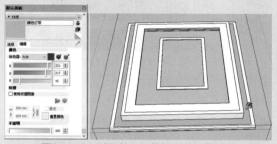

图9-119 赋予餐厅天花板暖色灯带材质

⑱ 为室内天花板安装灯组件。执行"文件"|"导入"命令，导入吊灯、筒灯，并移动复制到合适位置，结果如图9-120～图9-122所示。

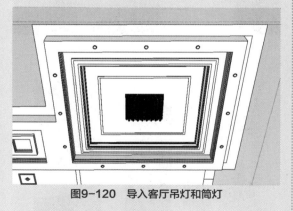

图9-120 导入客厅吊灯和筒灯

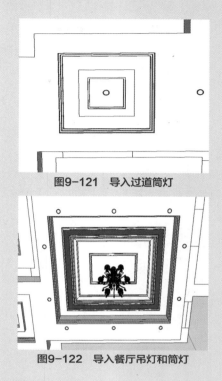

图9-121 导入过道筒灯

图9-122 导入餐厅吊灯和筒灯

9.2.5 安置家具

① 在墙体上双击进入群组，采用前面的方法导入"9.2.5导入室内家具.dwg"文件，并将其移动至合适位置，如图9-123所示，方便查看家具放置位置。

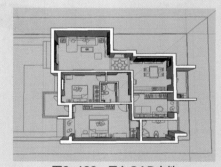

图9-123 导入CAD文件

② 布置客厅。执行"窗口"|"默认面板"|"标记"命令，在弹出的"标记"面板中单击"添加标记"按钮，添加名为"家具"的标记，如图9-124所示，并将"家具"标记切换为当前标记。

第9章 综合实例——现代风格客厅与餐厅表现

图9-124 添加家具标记

03 执行"文件"|"导入"命令,如图9-125所示。在弹出的"导入"对话框中,选择组件,双击组件或单击"导入"按钮即可,如图9-126所示。

图9-125 执行"导入"命令

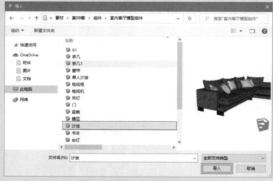

图9-126 选择沙发组件

04 导入沙发组件后,将其移动放置到合适位置,如图9-127所示。

图9-127 放置客厅沙发

05 继续导入组件,将电视机组件、茶几组件、空调组件、壁画组件等放置在相应的位置,客厅家具的布置结果如图9-128与图9-129所示。

图9-128 布置客厅壁画、茶几、置物板组件

图9-129 布置客厅电视背景墙组件

06 在客厅内放置窗帘,利用"缩放"工具 缩放至合适大小,如图9-130所示。

图9-130 布置客厅窗帘组件

07 在入户花园放置门组件,结果如图9-131所示。

图9-131 放置入户门组件

08 布置餐厅家具，安置灶台组件、冰箱组件，如图9-132所示。

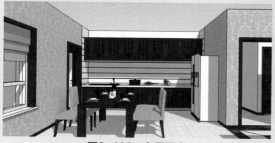

图9-132　布置厨房

09 在餐厅中放置餐桌椅、酒柜，并在餐厅和生活阳台之间放置门，如图9-133与图9-134所示。

图9-133　布置餐厅

图9-134　放置门

10 客厅、餐厅及过道布置完成后，效果如图9-135所示。

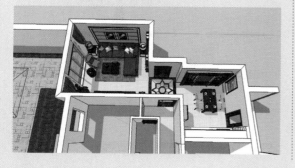

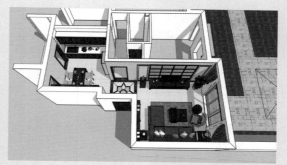

图9-135　布置完成效果

9.3 后期渲染

在SketchUp中创建的模型难免粗糙，真实度不够。一般情况下都需要做适当的后期效果处理，使得模型更真实、更富有质感。在本小节中仅介绍客厅后期渲染的方法。

9.3.1 渲染前期准备

在对一个空间进行渲染之前，需要对场景的灯光进行分析，并由此在场景中布置合适的灯源。分析可知，场景中的客厅有1盏吊灯、2盏台灯和21个筒灯，餐厅中拥有1盏吊灯和12个筒灯。

01 调整场景。执行"窗口"|"默认面板"|"阴影"命令，在弹出的"阴影设置"面板中设置参数，将时间设为"08：27"，并单击"显示/隐藏阴影"按钮□开启阴影效果，如图9-136所示。

02 结合"缩放"工具🔍、"环绕视察"工具✥和"平移"工具🖑调整场景的视角，并执行"视图"|"动画"|"添加场景"命令，保存当前场景，如图9-137所示。

03 布置灯光。在V-Ray灯光工具栏中单击"泛光灯"按钮☀，在客厅台灯中添加泛光灯。

04 在V-Ray for SketchUp工具栏中单击"资源编辑器"按钮👿，打开"V-Ray资源编辑器"对话框。在其中单击"灯光"按钮👤，在"光源"列表中选择已创建的泛光灯，在右侧的面板中将灯光颜色的RGB值设置为"255，253，180"，同时设置其他参数，如图9-138所示。

图9-136　设置阴影

图9-137　添加场景页面

图9-138　为客厅台灯添加泛光灯

05 由于场景中亮度不够，需要添加IES灯（即光域网光源）来增强场景的亮度，提升室内空间的品质感。首先，在客厅上方添加数盏IES灯 。接着，在"V-Ray资源编辑器"对话框中选择IES灯，在右侧的面板中设置参数。将灯光颜色的RGB值为"255，253，193"，并且设置其他参数，如图9-139所示。

图9-139　在客厅上方添加光域网光源

06 用同样的方法在客厅吊灯和置物板上分别添加光域网光源，并设置光域网光源参数，增强客厅亮度，如图9-140所示。

图9-140　在客厅置物板上添加光域网光源

⑦ 客厅灯光设置完成后，在客厅窗户位置添加一个矩形灯☐，在"V-Ray资源编辑器"对话框中将矩形灯颜色的RGB值设置为"199，255，255"，继续设置其他参数，如图9-141所示。

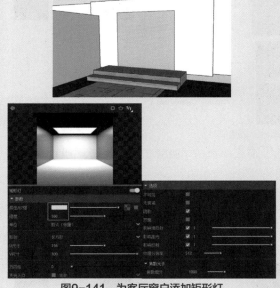

图9-141　为客厅窗户添加矩形灯

9.3.2　设置材质参数

　　处理完场景中灯光效果后，便可以为场景中的材质设置渲染参数。

① 执行"窗口"|"默认面板"|"材质"命令，打开"材质"面板。单击"吸管工具"按钮🖋，吸取吊灯材质，如图9-142所示。

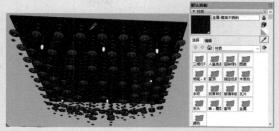

图9-142　吸取客厅吊灯材质

② 在"V-Ray资源编辑器"对话框中单击"材质"按钮▣，在材质列表中显示吸取的吊灯材质。在右侧的面板中设置参数，将反射颜色的RGB值设置为"212，212，212"，漫反射颜色的RGB值设置为"22，22，22"，如图9-143所示。

图9-143　设置材质参数

③ 用同样的方法设置客厅吊灯灯泡和天花板灯光带的材质参数。在"材质"面板中单击"吸管工具"按钮🖋吸取灯泡及灯带材质，在"V-Ray资源编辑器"对话框中设置反射颜色的RGB值为"255，251，185"，漫反射颜色的RGB值设置为"231，217，42"，其余参数设置如图9-144所示。

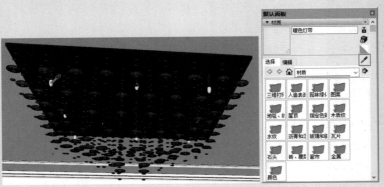
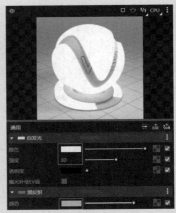

图9-144　设置客厅吊灯和天花板灯光带的材质参数

④ 设置地板材质参数。在"材质"面板中单击"吸管工具"按钮 🖊 吸取地板材质，在"V-Ray资源编辑器"对话框中勾选"菲涅尔"选项，将漫反射颜色RGB值设置为"236，231，220"，并在"漫反射"的"颜色"通道中添加位图，如图9-145所示。

图9-145　设置地板材质参数

⑤ 用同样的方法设置客厅墙面材质参数。在"材质"面板中单击"吸管工具"按钮 🖊 吸取墙面材质，在"V-Ray资源编辑器"对话框中将漫反射的颜色RGB值设置为"224，208，171"，其他参数设置如图9-146所示。

图9-146　设置客厅墙面材质参数

06 设置客厅沙发背景墙黄洞石材质参数。在"材质"面板中单击"吸管工具"按钮🖊吸取背景墙材质，在"V-Ray资源编辑器"对话框中勾选"菲涅耳"选项，将漫反射颜色RGB值设置为"175，158，126"，并在其"颜色"通道中添加位图，如图9-147所示。

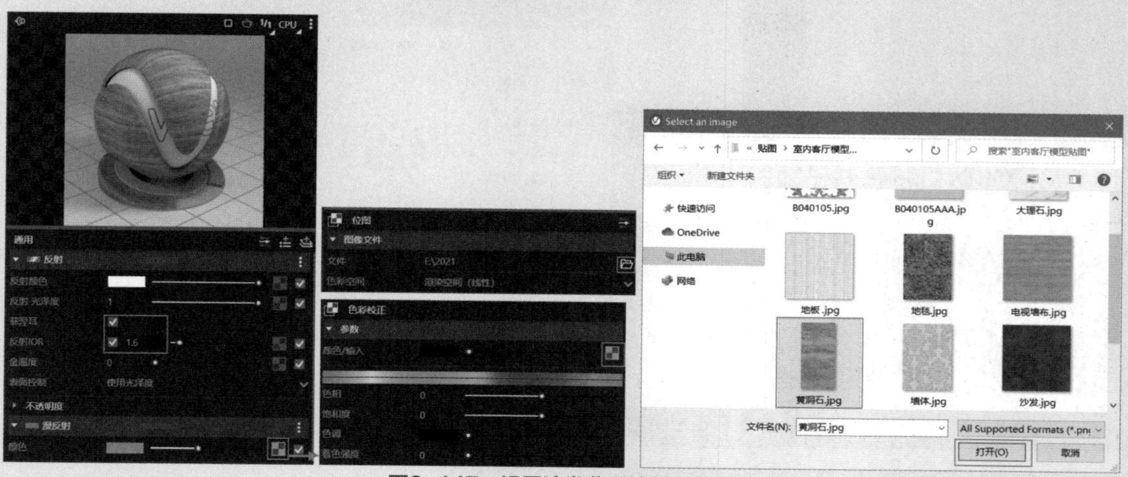

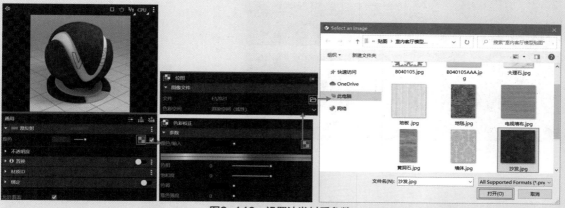

图9-147 设置沙发背景墙材质参数

07 设置客厅沙发材质参数。在"材质"面板中单击"吸管工具"按钮🖊吸取沙发材质，在"V-Ray资源编辑器"对话框中将漫反射颜色RGB值设置为"114，41，49"，并在其通道中添加位图，如图9-148所示。

图9-148 设置沙发材质参数

08 设置沙发抱枕材质参数。在"材质"面板中单击"吸管工具"按钮🖊吸取抱枕材质，在"V-Ray资源编辑器"对话框中勾选"菲涅耳"选项，将漫反射颜色RGB值设置为"186，181，172"，并在其"颜色"通道中添加位图，如图9-149所示。

09 设置客厅茶几、电视柜、置物板、踢脚面木材质参数。在"材质"面板中单击"吸管工具"按钮🖊吸取木材质，在"V-Ray资源编辑器"对话框中勾选"菲涅耳"选项，将漫反射颜色RGB值设置为"58，36，22"，并在其"颜色"通道中添加位图，如图9-150所示。

10 设置客厅茶几玻璃材质参数。在"材质"面板中单击"吸管工具"按钮🖊吸取玻璃材质，在"V-Ray资源编辑器"对话框中勾选"菲涅耳"选项，将漫反射颜色RGB值设置为"0，0，0"，再设置"折射"参数，如图9-151所示。

第9章 综合实例——现代风格客厅与餐厅表现

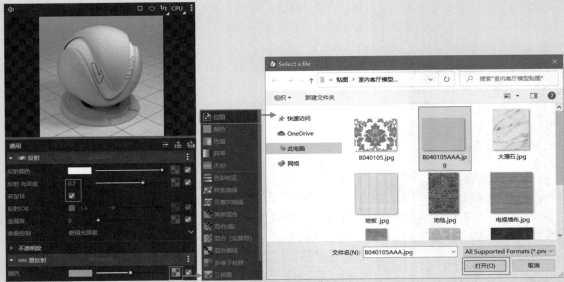

图9-149　设置抱枕材质参数

图9-150　设置客厅木材质材质参数

图9-151　设置客厅茶几玻璃材质参数

⑪ 设置客厅电视背景墙金属–镜面不锈钢材质参数。在"材质"面板中单击"吸管工具"按钮 🖊 吸取背景墙材质，在"V–Ray资源编辑器"对话框中将漫反射颜色RGB值设置为"22，22，22"，其他参数设置如图9–152所示。

图9-152 设置电视背景墙玻璃材质参数

⑫ 设置客厅电视机背景墙布材质参数。在"材质"面板中单击"吸管工具"按钮🖊吸取背景墙布材质，在"V-Ray资源编辑器"对话框中将漫反射颜色的RGB值设置为"207，207，207"，并在其"颜色"通道中添加位图，如图9-153所示。

图9-153 设置电视背景墙布材质参数

⑬ 设置客厅地毯材质参数。在"材质"面板中单击"吸管工具"按钮🖊吸取地毯材质，在"V-Ray资源编辑器"对话框中将漫反射颜色RGB值设置为"141，117，97"，并在其"颜色"通道中添加位图，如图9-154所示。

图9-154 设置客厅地毯材质参数

9.3.3 设置渲染参数

调整场景中主要材质的参数后，便可以开始设置渲染参数。

01 在V-Ray for SketchUp工具栏中单击"资源编辑器"按钮，打开"V-Ray资源编辑器"对话框。在"环境"卷展栏中设置参数，如图9-155所示。

图9-155　设置"环境"参数

02 在"抗锯齿过滤"卷展栏中设置"尺寸"为8，"类型"为区域，如图9-156所示。

图9-156　设置"抗锯齿过滤"参数

03 打开"色彩映射"卷展栏，将"高光混合"值设置为0.8，如图9-157所示。

图9-157　设置"色彩映射"参数

04 打开"渲染输出"卷展栏，选择"长宽比"的类型为"自定义"，重定义图像尺寸，并设置渲染文件的保存路径，如图9-158所示。

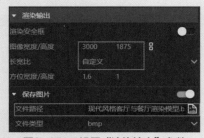

图9-158　设置"渲染输出"参数

05 在"全局照明"卷展栏中设置"主引擎"为"发光贴图"，"二级引擎"为"灯光缓存"，如图9-159所示。

图9-159　设置"全局照明"参数

06 在"发光贴图"卷展栏中设置"最小比率"为-4，"最大比率"为-1，如图9-160所示。

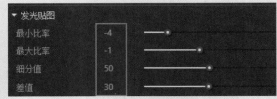

图9-160　设置"发光贴图"参数

07 在"灯光缓存"卷展栏中设置"细分值"为500，过程"回折"数为4，如图9-161所示。

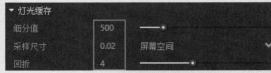

图9-161　设置"灯光缓存"参数

08 设置完成后，关闭"V-Ray资源编辑器"对话框。在V-Ray for SketchUp工具栏中单击"渲染"按钮，开始渲染场景，最终渲染效果如图9-162所示。

图9-162　最终渲染效果

第10章
综合实例——小区景观设计

居住区绿化是建立居住小区众多因素中不可缺少的组成部分。随着社会的发展，居民生活质量要求提高，人们普遍追求营造高品质的小区环境。小区景观设计并非只是在空地上配置花草树木，而是一个集总体规划、控件层次、建筑形态、竖向设计、花木配置等功能为一体的综合概念。

本章的住宅小区示例占地近3万平米，项目由高层舒适型住宅、小户型公寓组成，并辅以星级酒店式综合楼（公寓、酒店、写字楼）、风情商业街及主题幼儿园等配套设施。

本章讲解如何使用SketchUp软件创建住宅小区园林景观设计的方法，选择如图10-1所示的红色区域进行详细讲解。

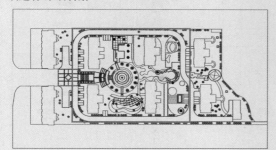

图10-1 红色区域

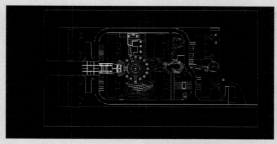

图10-2 简化后的总平图

10.1 建模前的准备工作

创建模型前的准备工作包括整理CAD平面图以及将CAD平面图导入到SketchUp 2020中两个步骤。借助CAD图形，可以很轻松地绘制模型外轮廓，并在此基础上进行各种操作。

10.1.1 整理CAD平面图

01 打开配套资源中的"10.1居住区平面图.dwg"素材文件，文件中包含简化后的居住区总平面图，如图10-2所示。

02 在命令行中输入PU，执行"清理"命令，在弹出的"清理"对话框中单击"全部清理"按钮，对场景中的图形信息进行清理，如图10-3所示。

图10-3 "清理"对话框

03 在稍后弹出的"清理–确认清理"对话框中选择"清理此项目"选项，如图10-4所示。

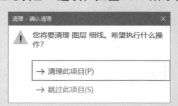

图10-4 "清理–确认清理"对话框

04 经过多次的清理操作，直到"全部清理"按钮变为灰色才完成图像的清理，如图10-5所示。

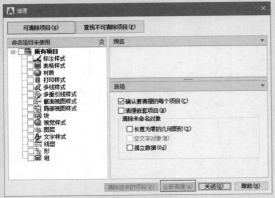

图10-5 清理结束

10.1.2 导入CAD图形

01 执行"文件"｜"导入"命令，在弹出的"导入"对话框中选择CAD文件，如图10-6所示。

图10-6 选择CAD文件

02 单击右下角的"选项"按钮，在打开的"导入AutoCAD DWG/DXF选项"对话框中将单位设置为"毫米"，并选择"保持绘图原点"选项，如图10-7所示。

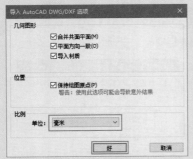

图10-7 设置参数

03 CAD图形导入完成后，弹出"导入结果"对话框，如图10-8所示。

图10-8 "导入结果"对话框

04 选择所有的图形，通过执行右键关联菜单中的"创建群组"命令，将其创建成组，如图10-9所示。

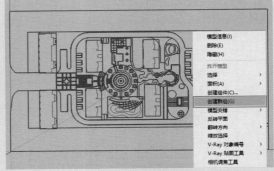

图10-9 创建群组

05 执行"窗口"｜"默认面板"｜"标记"命令，弹出"标记"面板，如图10-10所示。

图10-10 "标记"面板

06 单击"添加标记"按钮⊕，分别添加命名为"建筑""人物""植物""小品""车"5个标记，如图10-11所示。

07 双击进入群组，利用"直线"工具 ✏、"矩形"工具 ▦，将居住区总平面图进行封面操作，并全选图形执行右键关联菜单中的"反转平面"命令，如图10-12与图10-13所示。

图10-11　添加标记

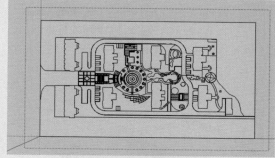

图10-12　为居住区平面图封面

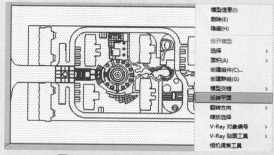

图10-13　执行"反转平面"命令

10.2　在SketchUp中创建模型

住宅小区的模型包括主干道及中心广场、活动区、休闲区，还包括枯山水。本节介绍综合运用绘图及编辑工具创建模型的方法。

10.2.1　绘制主干道和圆形喷泉广场模型

1．绘制主干道

⓵ 绘制阶梯状花坛。激活"推/拉"工具 ❖，将主干道两侧花坛依次向上推拉420mm、780mm，如图10-14所示。

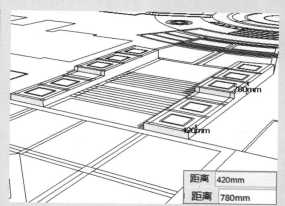

图10-14　推拉花坛高度

⓶ 绘制花坛细节。激活"卷尺"工具 ⬚、"直线"工具 ╱，绘制距离花坛边线30mm的辅助线，并使用"推/拉"工具 ❖，将花坛边缘和绿化轮廓线分别向外、向上推拉50mm，如图10-15所示。

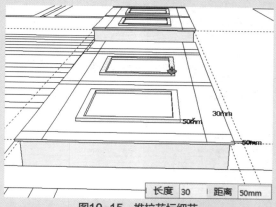

图10-15　推拉花坛细节

⓷ 绘制台阶。激活"推/拉"工具 ❖，将每个台阶向上推拉60mm，绘制结果如图10-16所示。

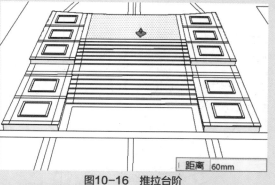

图10-16　推拉台阶

⓸ 绘制主干道花坛。激活"推/拉"工具 ❖，设置距离，将花坛依次向上推拉；并按住Ctrl键，

继续向上推拉复制面，表示花坛的边缘；再设置距离，将花坛绿化平面分别向上推拉复制，如图10-17所示。

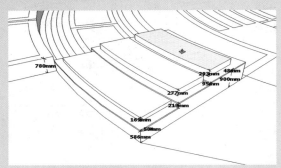

图10-17　绘制花坛

05 绘制台阶。激活"推/拉"工具，设置距离为50mm、75mm，推拉创建台阶，如图10-18所示。

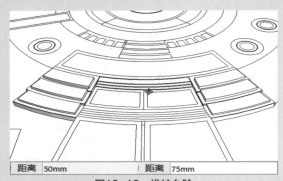

图10-18　推拉台阶

　　2. 绘制圆形喷泉广场

01 激活"推/拉"工具，按住Ctrl键，选择圆形喷泉广场平面，向上推拉900mm，并预留厚度为70mm的边缘，如图10-19所示。

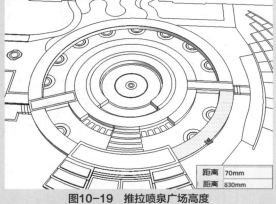

图10-19　推拉喷泉广场高度

02 重复操作，将圆形喷泉广场中的水体部分向

上推拉120mm，如图10-20所示。

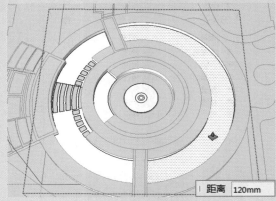

图10-20　推拉喷泉广场水体

03 激活"推/拉"工具，按住Ctrl键，将圆形喷泉广场中的踏步向上推拉763mm，如图10-21所示。

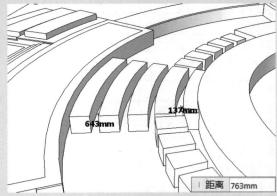

图10-21　推拉喷泉广场的踏步

04 细化喷泉广场。激活"推/拉"工具，按住Ctrl键将喷泉广场的内部圆形向上推拉，由内到外分别为50mm、150mm、300mm、450mm、600mm，如图10-22所示。

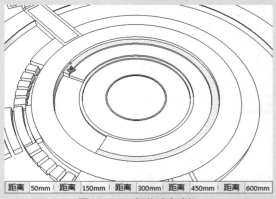

图10-22　细化喷泉广场

⑤ 绘制喷泉广场的花坛。激活"推/拉"工具 ◆|,按住Ctrl键,将喷泉广场的花坛依次向上推拉出830mm、447mm、50mm,并将绿化平面向下推拉47mm,如图10-23所示。

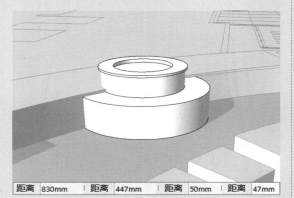

| 距离 830mm | 距离 447mm | 距离 50mm | 距离 47mm |

图10-23 推拉喷泉广场的花坛

⑥ 执行"文件"|"导入"命令,导入喷泉组件并移动至合适位置,如图10-24所示。

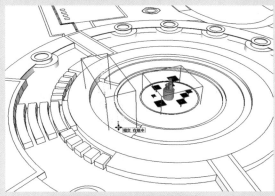

图10-24 导入喷泉组件

⑦ 使用上述相同方法导入喷泉基座组件,激活"移动"工具 ◆|,按住Ctrl键,将组件移动复制,结果如图10-25所示。

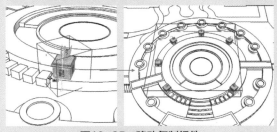

图10-25 移动复制组件

⑧ 选择导入的组件,执行右键关联菜单中的"模型信息"命令,打开"模型信息"面板,移动组件至"小品"标记,如图10-26所示。

图10-26 移动组件至小品标记

10.2.2 绘制老年人活动区及周围景观模型

1. 绘制水池

① 绘制台阶和道路边缘。激活"推/拉"工具 ◆|,按住Ctrl键,选择台阶平面向上推拉225mm、450mm、675mm,并将道路边缘向上推拉100mm,如图10-27所示。

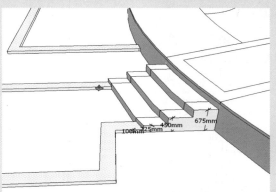

图10-27 绘制台阶和道路边缘

② 激活"推/拉"工具 ◆|,按住Ctrl键,将水池平面向下推拉178mm,如图10-28所示。

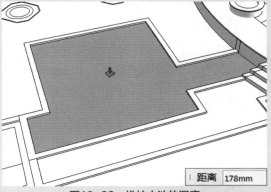

| 距离 178mm |

图10-28 推拉水池的深度

⑩3 绘制水边防护栏。激活"移动"工具✥，按住Ctrl键，将玻璃栏板平面向上移动复制100mm，并使用"推/拉"工具✥，向上推拉高度为1100mm的实体栏板，进行细化，结果如图10-29所示。

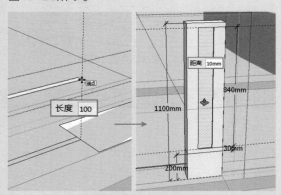

图10-29 绘制栏板

⑩4 激活"移动"工具✥，按住Ctrl键，将绘制的实体栏板移动复制至合适位置，并使用"推/拉"工具✥，将玻璃栏板向上推拉955mm，如图10-30所示。

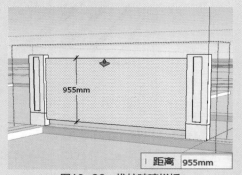

图10-30 推拉玻璃栏板

⑩5 激活"移动"工具✥，按住Ctrl键，移动复制栏杆至合适位置，如图10-31所示。

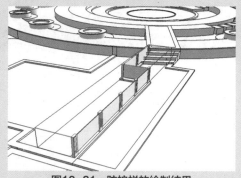

图10-31 防护栏的绘制结果

2. 绘制老年人活动区

⑩1 绘制铺装。激活"推/拉"工具✥，按住Ctrl键，将广场全部铺装平面向下推拉150mm，如图10-32所示。

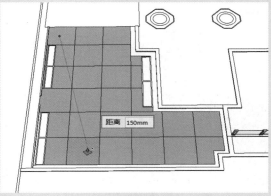

图10-32 推拉广场铺装的厚度

⑩2 绘制花坛。激活"推/拉"工具✥，按住Ctrl键，将花坛平面依次向上推拉400mm、73mm、76mm，并将绿化平面向下推拉14mm，如图10-33所示。

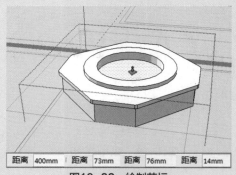

图10-33 绘制花坛

⑩3 激活"移动"工具✥，按住Ctrl键，移动复制花坛，并将其创建为群组，结果如图10-34与图10-35所示。

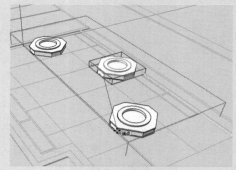

图10-34 移动复制花坛

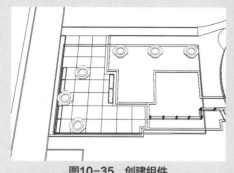

图10-35　创建组件

04 绘制绿篱。激活"推/拉"工具 ❖|，将绿化面向上推拉700mm，如图10-36所示。

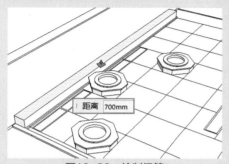

图10-36　绘制绿篱

05 执行"文件"|"导入"命令，导入座椅、廊架、小品组件并移动至合适位置，如图10-37与图10-38所示。

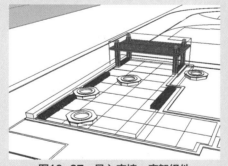

图10-37　导入座椅、廊架组件

图10-38　导入小品组件

10.2.3　绘制休闲区模型

01 激活"推/拉"工具 ❖|，按住Ctrl键，将景墙平面分别向上推拉1448mm、1751mm、2295mm、2412mm、2470mm，如图10-39所示。

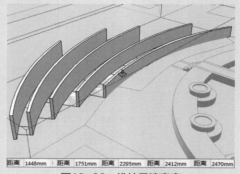

| 距离 | 1448mm | 距离 | 1751mm | 距离 | 2295mm | 距离 | 2412mm | 距离 | 2470mm |

图10-39　推拉景墙高度

02 激活"推/拉"工具 ❖|，向上推拉台阶，结果如图10-40所示。

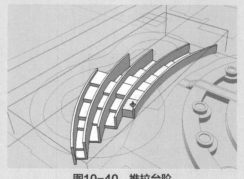

图10-40　推拉台阶

03 绘制微地形。双击进入组件，激活"移动"工具 ❖|，将等高线向上移动，并将其全部选择，然后单击"沙箱"工具栏中的"根据等高线创建"工具 ❖|，结果如图10-41所示。

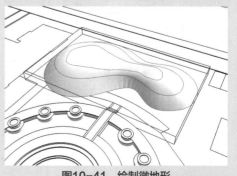

图10-41　绘制微地形

⓸ 绘制景观亭。激活"矩形"工具▣，绘制
2700mm×3000mm的矩形，并以矩形角点为
端点绘制四个300mm×300mm的小矩形，如
图10-42所示。

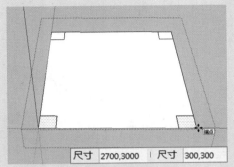

尺寸 2700,3000 | 尺寸 300,300

图10-42 绘制景观亭基座

⓹ 激活"推/拉"工具◆，将柱子平面向上推拉
3000mm，并使用"矩形"工具▣，以柱子端点
为起点绘制顶面，如图10-43所示。

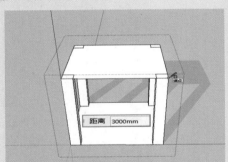

距离 3000mm

图10-43 推拉景观柱并封面

⓺ 激活"推/拉"工具◆，按住Ctrl键，将平面依
次向上推拉140mm、700mm、140mm，如图10-44
所示。

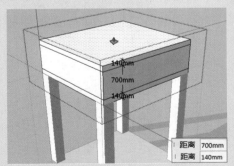

距离 700mm
距离 140mm

图10-44 向上推拉顶面

⓻ 激活"偏移"工具，将顶面向内偏移
299mm，并使用"推/拉"工具◆，将里面的矩
形挖空，如图10-45所示。

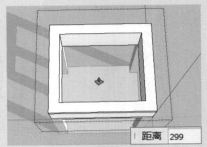

距离 299

图10-45 偏移并挖空顶面

⓼ 激活"卷尺"工具，沿柱子边线绘制辅助
线，并使用"矩形"工具▣，以交点为起点绘制
矩形，然后激活"推/拉"工具◆，将平面向内
推拉85mm，如图10-46所示。

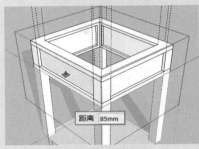

距离 85mm

图10-46 推拉面

⓽ 细化亭子。激活"卷尺"工具，绘制距
离横向边线20mm、330mm，距离竖向边线
577mm的辅助线，并使用"直线"工具✏，连
接辅助线的交点，如图10-47所示。

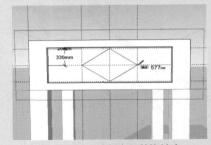

20mm
330mm
577mm

图10-47 绘制亭子装饰轮廓

⓾ 选择多边形平面创建为组件，激活"偏移"
工具，将多边形面向内偏移85mm，并使用
"推/拉"工具◆，将内多边形挖空，外多边形向
外推拉11mm，如图10-48所示。

⑪ 激活"圆"工具●，在顶面四角、中心绘制
半径为120mm的圆，并创建为组件。双击进入
组件，激活"推/拉"工具◆，将圆形面分别向上
推拉460mm、1500mm，如图10-49所示。

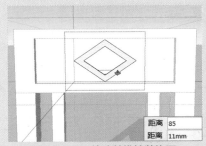

图10-48　偏移并推拉装饰面

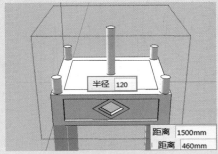

图10-49　绘制顶柱

⑫ 激活"矩形"工具 ▣、"推/拉"工具 ◆，绘制1600mm×90mm×29mm的长方体，创建为群组并移动至合适位置，如图10-50所示。

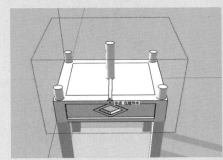

图10-50　绘制长方体

⑬ 激活"移动"工具 ◆，按住Ctrl键，将在上一步骤中绘制的长方体移动复制12份，并创建为群组，使用"旋转"工具 ◨，按住Ctrl键，将组件旋转复制3份，如图10-51所示。

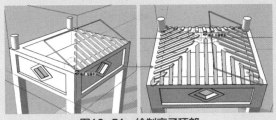

图10-51　绘制亭子顶部

⑭ 绘制亭顶。激活"矩形"工具 ▣，参照顶面尺寸绘制两个垂直的矩形，并使用"偏移"工具 ⬳，

将矩形平面向外偏移689mm，整理完成后结果如图10-52所示。

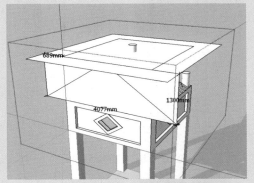

图10-52　绘制亭顶放样截面和路径

⑮ 使用"选择"工具选择放样路径，激活"路径跟随"工具 ，单击垂直截面，将会沿放样路径放样生成如图10-53所示的图形，再对景观亭进行调整，结果如图10-54所示。

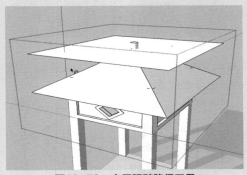

图10-53　启用跟随路径工具

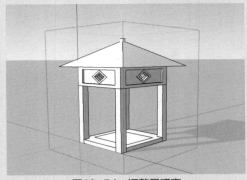

图10-54　调整景观亭

⑯ 绘制基座装饰。激活"圆弧"工具 ⬠，绘制弧高为270mm、弧长为500mm的弧面，并创建为组件。激活"推/拉"工具 ◆，推拉弧形面，如图10-55所示。

⑰ 激活"移动"工具 ◆、"旋转"工具 ◨，

按住Ctrl键，将底部装饰组件进行复制，结果如图10-56所示。

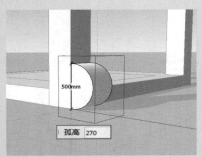

图10-55　绘制基座装饰

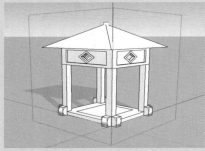

图10-56　旋转、移动复制组件

⑱ 转换至俯视图，激活"移动"工具✦，将景观亭移动至合适位置，如图10-57所示。

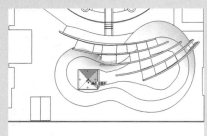

图10-57　移动景观亭

⑲ 选择亭子，激活"曲面平整"工具✎，单击山体，此时亭子底面平稳地放置在山体上，将亭子移动至合适位置，如图10-58所示。

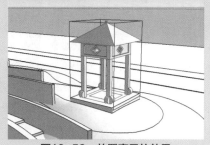

图10-58　放置亭子的效果

10.2.4　绘制枯山水模型

① 选择枯山水的平面图，执行右键关联菜单中的"创建群组"命令，如图10-59所示。

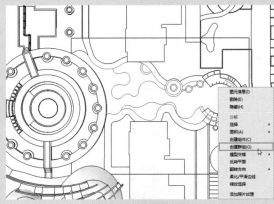

图10-59　创建群组

② 激活"推/拉"工具✦，将水体平面向下推拉265mm，绿化平面向下推拉100mm，如图10-60所示。

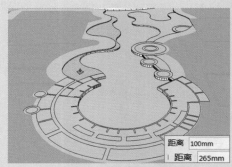

图10-60　推拉水体、绿化平面

③ 执行"文件"|"导入"命令，导入小品、石灯笼和景观石（调整其比例）、石头汀步组件并移动至合适位置，如图10-61～图10-64所示。

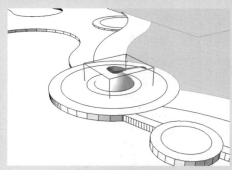

图10-61　导入小品组件

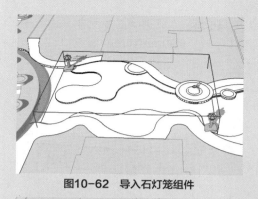

图10-62　导入石灯笼组件

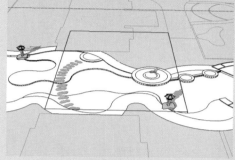

图10-63　石头汀步组件

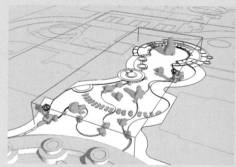

图10-64　导入景观石组件

10.2.5　绘制儿童游乐区模型

① 绘制座椅。激活"旋转矩形"工具▤，绘制
378mm×360mm的矩形，并使用"偏移"工具
▨，将矩形面向外偏移30mm，创建为组件，然
后利用"推/拉"工具◆，将平面推拉48mm，
如图10-65所示。

② 激活"旋转"工具◘，按住Ctrl键，将组件旋
转0.8°并复制32份，如图10-66所示。

③ 结合"圆弧"工具◢、"直线"工具✐，绘制
放样路径并将其选中，激活"路径跟随"工具◈，
单击矩形截面，放样建模的结果如图10-67所示。

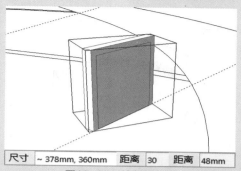

| 尺寸 | ~ 378mm, 360mm | 距离 | 30 | 距离 | 48mm |

图10-65　绘制长方体

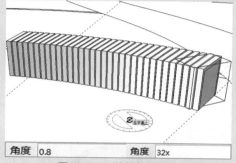

| 角度 | 0.8 | 角度 | 32x |

图10-66　旋转复制组件

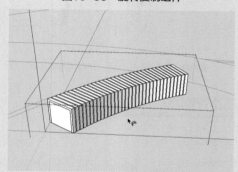

图10-67　启用路径跟随工具

④ 激活"旋转"工具◘，按住Ctrl键，将座椅组
件旋转复制三份，如图10-68所示。

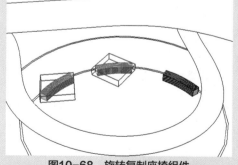

图10-68　旋转复制座椅组件

⑤ 利用"旋转"工具◘，按住Ctrl键，将场景边
缘向上推拉50mm，如图10-69所示。

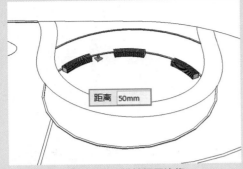

图10-69　推拉场景边缘

06 执行"文件"|"导入"命令，导入小品、儿童游戏器械组件并移动至合适位置，如图10-70所示。

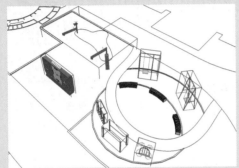

图10-70　导入小品、游戏器械组件

10.2.6　绘制静区模型

01 绘制廊架。激活"卷尺"工具 ，绘制距离铺装边线243mm、1380mm、240mm的辅助线，并使用"矩形"工具 ，以交点为起点绘制矩形，然后利用"推/拉"工具 ，将矩形平面分别向上推拉825m、780mm、2860mm，如图10-71所示。

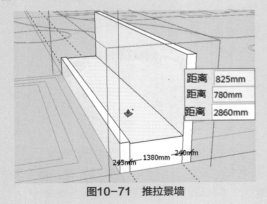

图10-71　推拉景墙

02 激活"卷尺"工具 ，绘制距离横向景墙边线1317mm、700mm和竖向边线1147mm的辅助线，并使用"矩形"工具 ，以辅助线交点为起点绘制矩形，然后利用"推/拉"工具 ，将其挖空，如图10-72所示。

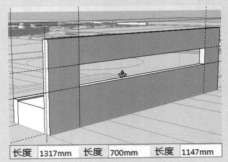

图10-72　挖空景墙

03 激活"直线"工具 ，绘制如图10-73所示的图形。

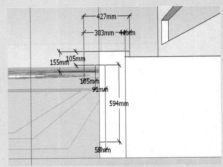

图10-73　绘制平面图形

04 利用"推/拉"工具 ，将绘制的平面推拉9331mm，结果如图10-74所示。

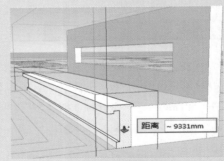

图10-74　推拉平面

05 激活"卷尺"工具 ，绘制距离横向景墙边线192mm、竖向边线12mm的辅助线，并结合使用"矩形"工具 、"推/拉"工具 ，绘制93mm×192mm×3520mm的长方体表示支

中文版SketchUp草图绘制技术精粹（第2版）

架，如图10-75所示。

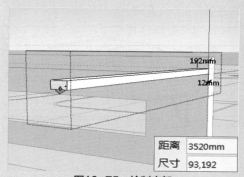

图10-75　绘制支架

⑥ 选择支架，激活"移动"工具 ✦，按住Ctrl键，将支架向左移动3044mm并复制3份，如图10-76所示。

图10-76　移动复制支架

⑦ 激活"卷尺"工具 ✐，参照柱子边线绘制辅助线，并使用"矩形"工具 ▤ 和"推/拉"工具 ✦，绘制155mm×192mm×2563mm的竖向支架，如图10-77所示。

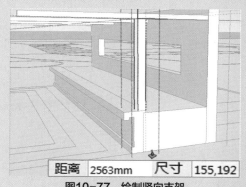

图10-77　绘制竖向支架

⑧ 选择支架，激活"移动"工具 ✦，按住Ctrl键，将支架向左移动复制3份，如图10-78所示。

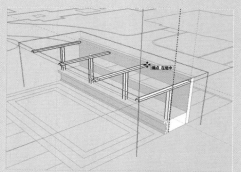

图10-78　移动复制支架

⑨ 激活"矩形"工具 ▤，以支架角点为起点绘制50mm×93mm的矩形，并使用"推/拉"工具 ✦，将矩形平面向外推拉9324mm，创建横向支架的结果如图10-79所示。

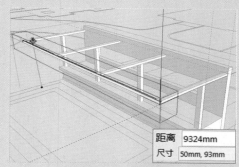

图10-79　绘制横向支架

⑩ 选择在上一步骤中创建的横向支架，激活"移动"工具 ✦，按住Ctrl键，将其向左移动650mm并复制3份，如图10-80所示。

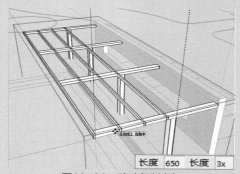

图10-80　移动复制支架

⑪ 激活"卷尺"工具 ✐，绘制距离支架边线930mm的辅助线，并结合使用"矩形"工具 ▤、"推/拉"工具 ✦，绘制74mm×64mm×1900mm的长方体表示竖向支架，如图10-81所示。

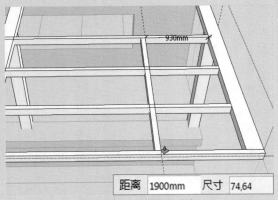

图10-81 绘制竖向支架

⑫ 选择竖向支架，激活"移动"工具 ✛，按住Ctrl键，将支架向左移动复制，如图10-82所示。

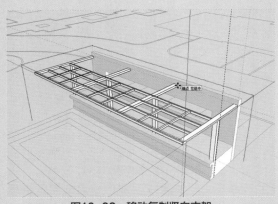

图10-82 移动复制竖向支架

⑬ 绘制廊架顶面。激活"矩形"工具 ■，以支架端点为起点绘制矩形，如图10-83所示。

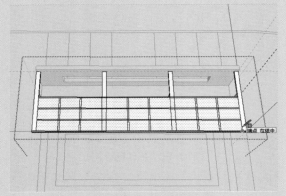

图10-83 绘制廊架顶面

⑭ 绘制绿篱。利用"推/拉"工具 ✦，按住Ctrl键，将绿化平面向上推拉300mm，如图10-84所示。

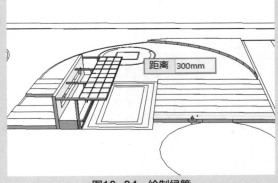

图10-84 绘制绿篱

⑮ 细化铺装。利用"推/拉"工具 ✦，按住Ctrl键，将铺装平面向下推拉150mm，如图10-85所示。

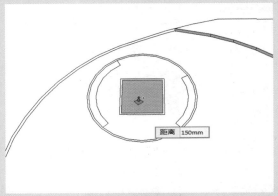

图10-85 细化铺装

⑯ 绘制座椅。激活"推/拉"工具 ✦，按住Ctrl键，将座椅平面向上推拉450mm，激活"偏移"工具 ⌐，将平面向外偏移50mm，并使用"推/拉"工具 ✦，将其向上推拉40mm，如图10-86所示。

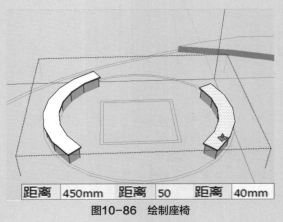

图10-86 绘制座椅

⑰ 执行"文件"|"导入"命令，导入小品组件并移动至合适位置，如图10-87所示。

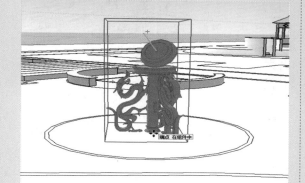

图10-87　导入小品组件

⑱ 激活"推/拉"工具◆，按住Ctrl键，将道路牙子平面向上推拉100mm，如图10-88所示。

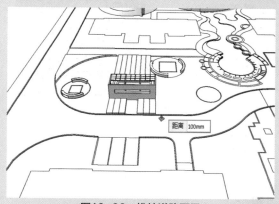

图10-88　推拉道路牙子

10.3　细化场景模型

　　模型创建完成后，开始为模型赋予材质，在赋予材质的同时整理模型使其更为真实。

10.3.1　赋予主干道模型材质

⓵ 首先为小区中的草坪、道路赋予材质。单击"材质"工具◙，在"材质"面板中单击"创建材质"按钮◙，选择"草坪"材质▇并填充小区草坪，如图10-89所示。

⓶ 用上述相同方法导入材质，选择"花岗岩01"材质▇并填充小区道路，如图10-90所示。

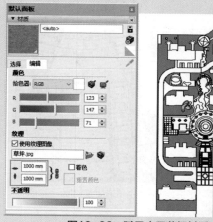

图10-89　赋予小区草坪材质

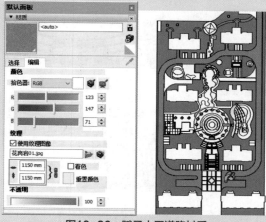

图10-90　赋予小区道路材质

⓷ 用上述相同方法导入材质，选择"深色花岗岩"材质▇并填充主干道边界，如图10-91所示。

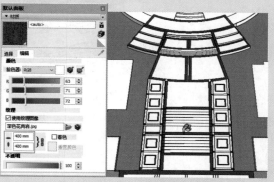

图10-91　赋予主干道边界材质

⓸ 用上述相同方法导入材质，选择"广场砖"材质▇并填充主干道道路，如图10-92所示。

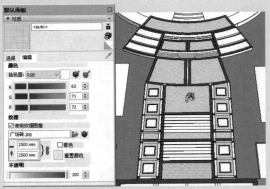

图10-92 赋予主干道道路材质

⑤ 选择"花岗岩01"材质█，填充主干道台阶，如图10-93所示。

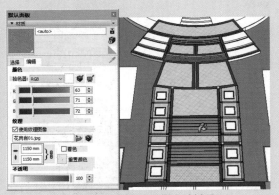

图10-93 赋予主干道台阶材质

⑥ 用上述方法选择"瓷砖01"材质█，填充主干道花坛平面材质，如图10-94所示。

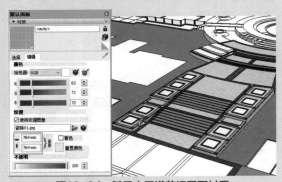

图10-94 赋予主干道花坛平面材质

⑦ 选择"石材"材质█，填充主干道花坛侧面材质，如图10-95所示。

⑧ 选择"花草植被"材质█，填充主干道花坛中间材质，如图10-96所示。

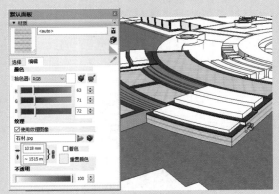

图10-95 赋予花坛侧面材质

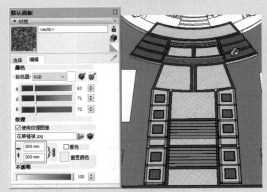

图10-96 赋予主干道花坛中间材质

10.3.2 赋予喷泉广场材质

① 激活"材质"工具█，选择"深色大理石"材质█，如图10-97所示，"石材"材质█和"广场砖"材质█，填充喷泉广场外围走道的材质。

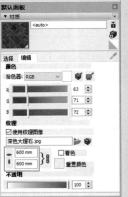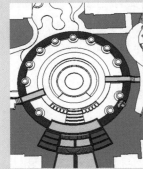

图10-97 赋予喷泉广场外围走道的材质

② 材质的参数设置如图10-98所示，填充材质的效果如图10-99所示。请读者参考配套资源中的结果文件，练习设置参数并赋予模型。

03 选择"深色花岗岩"材质■、"米黄色花岗岩"材质、"花草植被"材质■，填充喷泉广场的花坛，如图10-100所示。

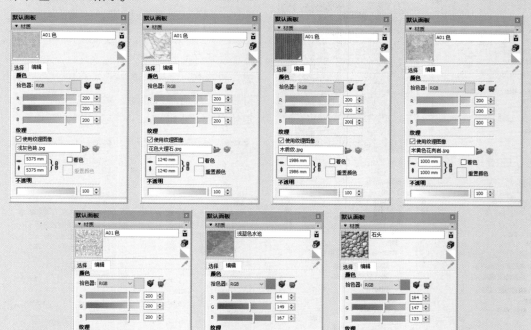

图10-98 材质面板

图10-99 赋予喷泉广场内部材质

图10-100 赋予喷泉广场的花坛材质

10.3.3 赋予休闲区材质

01 激活"材质"工具 ，单击"材质"面板中的"创建材质"按钮 ，选择"广场砖"材质 、"石材"材质 、"工字砖"材质 ，如图10-101所示，及"草皮"材质■，填充休闲区景墙和微地形的材质。

02 选择"灰色半透明玻璃"材质 和"白色"材质，为景观亭顶部支架与玻璃顶面赋予材质，并将亭身赋予"灰色自然砖"材质■，景观亭基面赋予"灰色大理石"材质 和"回纹砖"材质■，如图10-102所示。

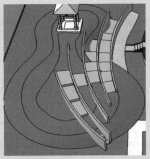

图10-101　赋予休闲区景墙和微地形材质

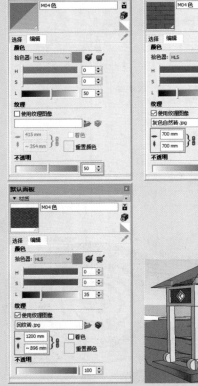

图10-102　赋予休闲区景观亭材质

10.3.4　赋予老年人活动区材质

01 激活"材质"工具 ✎ ，单击"材质"面板中的"创建材质"按钮 🗗 ，选择"条形砖"材质 ▨ 、"深色花岗岩"材质 ▨ 、"半透明的玻璃蓝"材质 ◩ 及"浅色花岗岩"材质 ▨ ，填充老年人活动区铺地；选择"深色木纹"材质 ▨ 、"草皮"材质 ▨ 和

"白色"材质、"灰色"材质，填充老年人活动区的树池，如图10-103所示为部分材质显示，如图10-104所示为赋予材质后的效果。

02 选择"自然文化石"材质 ▨ 和"水纹"材质 ▨ ，填充水池底部和水面；选择"灰色半透明玻璃"材质 ◩ 、"浅色花岗岩"材质 ▨ 和"深色"材质 ▨ ，为老年人活动区防水栏杆赋予材质，效果如图10-105所示。

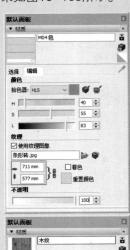

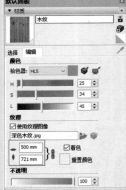

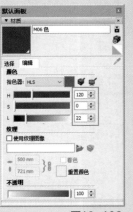

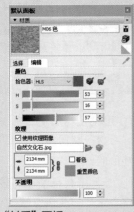

图10-103　"材质"面板

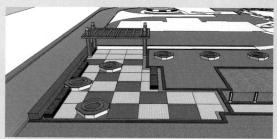

图10-104　赋予老年人活动区地面、树池材质

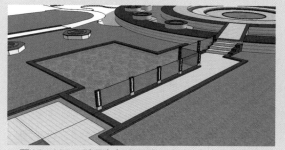

图10-105　赋予老年人活动区水池、防护栏杆材质

10.3.5　赋予枯山水材质

材质参数设置如图10-106所示，填充效果如图10-107所示。请读者参考配套资源中的结果文件，自行填充枯山水的铺地材质。

图10-106　"材质"面板

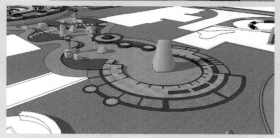

图10-107　赋予枯山水铺地材质

10.3.6　赋予儿童活动区材质

激活"材质"工具 ，单击"材质"面板中的"创建材质"按钮 ，选择"深色木纹"材质 、"人字形砖"材质 、"碎石地被层"材质 、"浅色花岗岩"材质 、"植草砖"材质 ，填充儿童活动区中的游戏器械区铺地；选择"原色樱桃木质纹"材质 、"水洗石"材质 ，填充座椅；选择"灰色砖"材质 、"细沙地被层"材质 ，填充儿童活动区中的戏沙区铺地，如图10-108与图10-109所示。

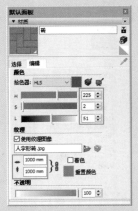

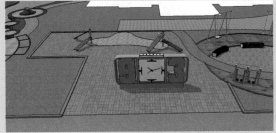

图10-109　赋予儿童活动区地面材质

10.3.7　赋予静区材质

激活"材质"工具，单击"材质"面板中的"创建材质"按钮，选择"石材"材质、"深色花岗岩"材质，填充景墙；选择"米白色大理石"材质、"木纹纹"材质、"草皮"材质，填充花池、绿篱；选择"不锈钢"材质、"紫色半透明玻璃"材质，填充廊架顶棚、支架；选择"深色大理石"材质、"灰色砖"材质、"深色花岗岩"材质、"灰色砖"材质、"灰色片石"材质、"半透明的玻璃蓝"材质及"深色木纹"材质，填充静区铺地和座椅，如图10-110～图10-112所示。

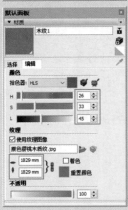

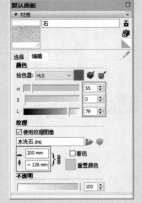

图10-108　材质参数设置

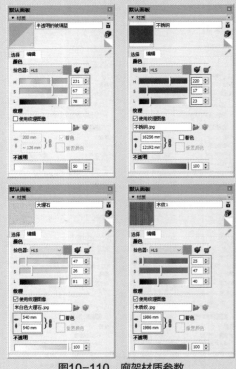

图10-110　廊架材质参数

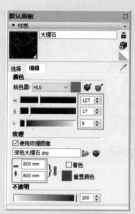
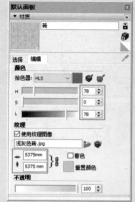

图10-111 铺地材质参数

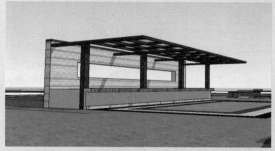

图10-112 赋予静区廊架、铺地、绿篱材质

10.4 丰富场景模型

在SketchUp中，为了使得模型看起来更为灵动真实，一般通过为场景中添加真实生活中的物件以丰富场景模型。

10.4.1 添加构筑物

01 执行"窗口"|"默认面板"|"标记"命令，弹出"标记"面板，将建筑标记设为当前标记，首先为居住区添加居住建筑和购物商店，并移动至合适位置，结果如图10-113所示。

02 在场景中添加防护围栏，如图10-114所示。

图10-113 添加居住建筑和购物商店

图10-114 添加防护围栏

03 在老年人活动区的草地上添加石块，石块随意摆放，有大有小，有远有近，使其放置自然真实；在玻璃铺地下面放置装饰性文字，如图10-115所示。

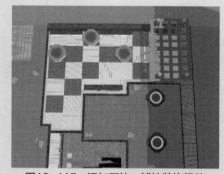

图10-115 添加石块、铺地装饰组件

04 在枯山水中添加桥组件，更能渲染小桥流水人家的意境，如图10-116所示。

图10-116 添加桥组件

05 在静区草地上随意放置石块，并添加汀步来连接不同的景观空间，起到移步异景的作用；在玻璃铺地下面放置装饰性文字，如图10-117所示。

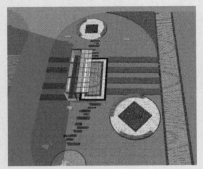

图10-117　添加石块、汀步、铺地组件

10.4.2　添加植物

　　在添加植物时，不仅需要考虑乔木、灌木、花卉、草皮和地被植物的层次搭配，同时也要考虑植物色彩、姿态等其他因素，从整体出发，营造特点鲜明且丰富多样的景观。

01 在"标记"面板中将"植物"标记设为当前标记，在主干道上添加植物组件，起到指引作用，如图10-118所示。

图10-118　主干道添加植物的效果

02 在喷泉广场添加灌木组件，起到点缀作用，结果如图10-119所示。

03 在老年人活动区添加乔木、低矮植被、少量灌木，大片的留白空地增加了人们活动场地，如图10-120所示。

04 在休闲区添加小乔木、灌木丛，此场景中没有添加高大乔木，以达到一览众山小的效果，如图10-121所示。

05 在枯山水中添加竹子、彩色小乔木，渲染氛围，如图10-122所示。

图10-119　喷泉广场添加灌木的效果

图10-120　老年人活动区添加植物的效果

图10-121　休闲区添加植物的效果

图10-122　枯山水添加植物的效果

06 儿童是特殊群体，在儿童活动区种植植物时需考虑安全性问题，因此在此区域没有种植高大、树叶密集植物，而是种植小乔木、灌木，使视线不遮挡，如图10-123所示。

07 在静区添加乔木、小乔木、灌木、低矮地被，植物搭配丰富，层次感强，适合人们在此交谈、静坐，如图10-124所示。

图10-123 儿童区添加植物的效果

图10-124 静区添加植物的效果

10.4.3 添加人、动物、车辆及路灯

01 植物放置完成后，开始在场景中放置人物组件，并将所有放置的人物创建为一个群组，如图10-125所示。

图10-125 放置人物组件并创建成组

02 添加人组件后，接下来为场景添加鸟和狗等动物组件，使场景更有活力，并且将所有动物创建成组，如图10-126所示。

图10-126 放置动物组件

03 添加动物组件后，接下来为场景添加路灯、车组件，使居住区氛围更为强烈，如图10-127与图10-128所示。

图10-127 放置路灯组件

图10-128 放置车组件

10.5 整理场景

至此模型构建完成，接下来通过调节相应的参数，便可以导出需要的图形，将图形导入Photoshop进行后期处理即可。

10.5.1 渲染图片

01 调整场景。执行"窗口"|"默认面板"|"阴影"命令，在弹出的"阴影设置"面板中设置参数，并单击"显示/隐藏阴影"按钮 🖉 开启阴影效果，如图10-129所示。

图10-129 设置阴影

⑫ 利用"缩放"工具 🔍、"环绕视察"工具 🔄
和"平移"工具 ✋ 调整场景的视角，并执行"视
图" | "动画" | "添加场景"命令，保存当前
场景，如图10-130所示。

图10-130 添加场景

⑬ 在完成渲染的前期工作后，就开始设置渲染
参数。在V-Ray for SketchUp工具栏中单击"资
源编辑器"按钮 🎨，参照前面章节设置参数，
在此不再赘述。单击"渲染"按钮 🔘，开始渲染
场景，最终渲染效果如图10-131所示。

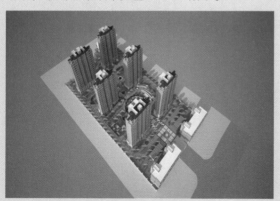

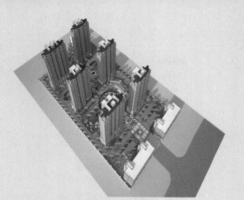

图10-131 渲染效果

10.5.2 后期处理

在SketchUp中利用V-Ray进行渲染后，为使得
场景显得更加真实，需要将效果图导入Photoshop中
进行后期效果的处理。

⑪ 打开Photoshop，执行"文件" | "打开"命
令，打开渲染得到的PNG格式效果图，在图层上
双击，重命名图层，如图10-132所示。

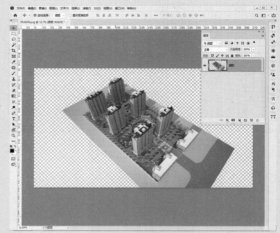

图10-132 重命名图层

⑫ 复制"原图"图层并隐藏，选择与模型类似
环境的图片，添加大场景，如图10-133所示。

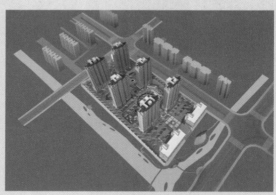

图10-133 添加大场景

⑬ 选择"魔棒"工具，选中"原图"图层中的
草坪部分，添加草坪，如图10-134所示。

⑭ 选择"魔棒"工具，选中"原图"和"大场
景"图层中的水体，添加水体和倒影，如
图10-135所示。

中文版SketchUp草图绘制技术精粹（第2版）

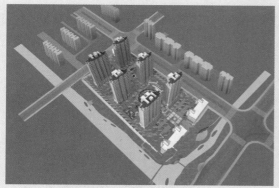

图10-134　添加草坪

图10-137　添加植物

图10-135　添加水体和倒影

05 在规划场地的周边环境添加植物，如图10-136所示。

图10-138　丰富周边环境

图10-136　在周边环境添加植物

06 在规划场地中添加桥木、灌木、地被等植物，如图10-137所示。

07 丰富规划场地周边环境，如图10-138所示。

08 在规划场地中添加车子，渲染氛围，如图10-139所示。

09 为场景添加投影，使阳光效果更强烈，如图10-140所示。

图10-139　添加车子

图10-140　添加投影

第10章　综合实例——小区景观设计

⑩ 对整个画面进行处理，添加云雾，使鸟瞰画面感更强，如图10-141所示。

⑪ 对整个场景进行微调，小区鸟瞰图绘制结果如图10-142所示。

图10-141　添加云雾

图10-142　小区鸟瞰图结果